VERSTÄNDLICHE WISSENSCHAFT

DREIUNDFÜNFZIGSTER BAND

DIE KOMETEN

VON

K. WURM

SPRINGER-VERLAG

BERLIN · GÖTTINGEN · HEIDELBERG

DIE KOMETEN

VON

PROFESSOR DR. K. WURM

HAMBURG-BERGEDORF

1.–6. TAUSEND

MIT 77 ABBILDUNGEN

SPRINGER-VERLAG

BERLIN · GÖTTINGEN · HEIDELBERG

Herausgeber der Naturwissenschaftlichen Abteilung:
Prof. Dr. Karl v. Frisch, München

Alle Rechte,
insbesondere das der Übersetzung in fremde Sprachen,
vorbehalten

Ohne ausdrückliche Genehmigung des Verlages ist es auch nicht
gestattet, dieses Buch oder Teile daraus auf photomechanischem
Wege (Photokopie, Mikrokopie) zu vervielfältigen

ISBN-13: 978-3-642-86295-3   e-ISBN-13: 978-3-642-86294-6
DOI: 10.1007/978-3-642-86294-6
Softcover reprint of the hardcover 1st edition 1954

Copyright 1954 by Springer-Verlag OHG.
Berlin · Göttingen · Heidelberg

Vorwort

Die Erforschung der Kometen sieht heute schon auf ein sehr ehrwürdiges Alter zurück. Sie beginnt mit dem Wiederaufleben der Naturwissenschaften in Europa, d. h. vor etwa 400 Jahren. Was vorher getan war, zählt nicht. *Tycho Brahe* und *Kepler*, die am Anfang stehen, übernahmen aus dem Mittelalter über ihre Natur einige überlieferte, falsche Ansichten des *Aristoteles* und ein ängstliches Zauberwesen. Noch bis in die Zeit der Aufklärung hinein galten sie in der breiten Öffentlichkeit als Ankünder von irgend etwas Üblem.

Wie in der gesamten Astronomie, so wurde auch bei den Kometen in den hundert Jahren von *Tycho Brahe* bis *Newton* schon ein gewaltiger Schritt vorwärts getan. Es gelang ihre räumliche Einordnung in den Kosmos. Man bewies, daß sie sich zwischen den Planeten hindurchbewegen, und aus der *Newton*schen Mechanik ergaben sich zwanglos die möglichen Formen ihrer Bahnen um die Sonne: Ellipsen, Parabeln, Hyperbeln. Bis heute sind rund 600 Kometenbahnen berechnet worden. Darunter befindet sich eine ganze Anzahl solcher, die durch Planetenstörungen eine radikale Umgestaltung erfuhren. Das gewonnene Material zeigt gewisse statistische Gesetzmäßigkeiten, aus denen sich Schlüsse in Hinsicht auf den Ursprung und die Entwicklung der Kometenkörper ziehen lassen.

In der Mitte des vorigen Jahrhunderts entsteht ein zweiter Zweig der Kometenforschung: das Studium ihrer rein physikalischen Beschaffenheit. Was wir bei den Kometen hell leuchten sehen, ist eine hochverdünnte, sich ständig erneuernde Gasatmosphäre von einer komplizierten chemischen Zusammensetzung und einer komplizierten räumlichen Struktur. Die Gase der Atmosphäre entströmen einem festen Kern von relativ kleiner Dimension. Auf die physikalischen Vorgänge in den Kometen hat die Strahlung der Sonne einen maßgeblichen, ja ausschlaggebenden Einfluß. Die Kometenphysik schließt auch chemische Probleme in sich ein. Ihr wichtigstes methodisches Hilfsmittel ist die Spektralanalyse.

Die rein astronomische Seite der Kometenforschung bietet einer allgemeiner verständlichen Darstellung keine besonderen Schwierigkeiten. Sie ist im Großen und Ganzen anschaulich und verlangt nur einen geringen Grad von Abstraktion. Der Leser findet sie, abgesehen von der Einleitung, in den Kapiteln II, III und V behandelt. Die mechanischen Prinzipien, auf denen die Beschreibung der Kometenbahnen beruht, sind nicht einfach als bekannt vorausgesetzt worden, sondern finden innerhalb von II in der historischen Reihenfolge ihrer Auffindung eine ziemlich ausführliche Klarlegung.

Die Physik der Kometen (Kptl. IV) verlangt zur Vorbereitung mehr, so die Darlegung einer Reihe rein physikalischer Dinge, die nicht manchem geläufig sein werden und die einem ganz unvorbereitetem Leser auf wenigen Seiten auch nur andeutungsweise verständlich gemacht werden können. Die Probleme des Kptl. IV stehen heute jedoch gerade im Mittelpunkt der Kometenforschung und es ließe sich nicht rechtfertigen, diese einfach zu übergehen.

Die Vorlagen zu den graphischen Darstellungen in diesem Bändchen sind größtenteils von Herrn Vermess.-Ing. *Gerhard Felsmann*, Berlin-Babelsberg, angefertigt worden, wofür ich demselben besonders zu danken habe. Zu Dank verpflichtet bin ich ebenfalls Herrn Dr. *M. Beyer*, Hamburg-Bergedorf, für eine Durchsicht der Fahnenkorrekturen und dem Springer-Verlag für sein großzügiges Eingehen auf mancherlei Wünsche.

Hamburg-Bergedorf, März 1954

K. Wurm

Inhaltsverzeichnis

I. Einführung

1. Das Bild eines Kometen am Himmel — Die scheinbaren Bahnen und scheinbaren Helligkeiten — Die Häufigkeit von Kometenerscheinungen

Seit den Astronomen die modernen Teleskope zur Verfügung stehen ist mit der Auffindung eines neuen Kometen allein kein Aufsehen mehr zu erregen. *Kepler* hat schon behauptet, daß diese Gestirne im Weltenraum so häufig sind wie die Fische im Meer. Im Durchschnitt hat es in den letzten Jahrzehnten pro Jahr etwa fünf bis sechs Neuentdeckungen gegeben. Diese Zahl würde noch größer ausfallen, wenn man sich um Entdeckungen besonders bemühen würde. Einerseits hat aber die moderne Astronomie zu viele andere Aufgaben, und andererseits ist das Gros der Erscheinungen für die Forschung nicht so vielversprechend, daß es sich lohnte, dafür dauernd die größeren Instrumente einzusetzen. Die meisten sind ganz unscheinbar und lichtschwach.

Nach der Statistik der historischen Kometenerscheinungen der letzten tausend Jahre hat jedes Jahrhundert einen Anspruch auf einen oder zwei „Riesen", das sind solche, die selbst ein Halbblinder bei einem nur ganz flüchtigen Blick auf den Himmel schwerlich übersehen kann. Zu diesen kann man gerade noch den hier in der ersten Abbildung 1 gezeigten rechnen, der im September-Oktober 1882 für eine Reihe von Nächten am Himmel stand. Zur Zeit dieser Aufnahme war die Schweiflänge allerdings schon stark zurückgegangen. Dimensionen am Fixsternhimmel lassen sich direkt nur in Winkelgraden (Winkelminuten und Sekunden) angeben und nicht in einem wahren Längenmaße (km, cm), wenn auch in mittelalterlichen Schweifbeschreibungen hin und wieder zu lesen ist, daß eine Schweiflänge so und soviel Klafter oder Ellen betragen habe. Um die wahren Dimensionen eines Objektes am Himmel zu erfahren muß man neben den *scheinbaren Dimensionen* (d. h. Winkelgrößen) noch die Distanz von der Erde kennen. Auf dem obigen Bilde beträgt die Länge

des Schweifes 20⁰ bis 25⁰, bei anderen „Riesen" fand man 80⁰
bis 100⁰ und mehr, der September-Komet von 1882 war aber
ganz besonders hell. Die *wahren* Schweiflängen können bis auf

Abb. 1. Großer September-Komet 1882. Aufnahme vom 20. Oktober, herge-
stellt mit einer kleinen Kamera von 28 cm Brennweite. Schweiflänge im Bilde
ungefähr 25⁰. (Aufnahme *D. Gill*, Cape of Good Hope).

100 Millionen km anwachsen. Die Abb. 1 ist übrigens eine der
ersten gelungenen Kometenphotographien. Der Beginn der photographischen Himmelsbeobachtung fällt etwa in diese Zeit.

Ein Kometenkörper erscheint im visuellen Anblick im allgemeinen, abgesehen von der vorderen „Kopfpartie", zart und durchsichtig (siehe Abb. 2 und 3). Die kräftigen Kontraste in den photographischen Aufnahmen erklären sich durch längere Belichtung. Hellere Sterne scheinen durch den „Kometennebel" hindurch. Von einem bestimmten Ende eines Schweifes läßt sich eigentlich kaum sprechen, da dessen Licht sich allmählich auf dem Himmelshintergrund verliert, Vollmondlicht „verkürzt" deshalb die Schweiflängen. Lichtschwächere Objekte gehen bei hellerem Mondlicht häufig ganz verloren.

Kometen stehen am Himmel nie fest. Ganz abgesehen von der täglichen allgemeinen Umdrehung des Fixsternhimmels, die sie auch mitmachen, wandern sie, wenn auch häufig sehr langsam, durch die Sternbilder. Diesen Weg (des Kometenkopfes) im „Plan" der Fixsterne bezeichnet man als die *scheinbare* Bahn. Nach der Abb. 2 stand der Donatische Komet 1858 am 5. Oktober dicht am Stern Arktur, acht Tage später war er ungefähr 40° nach Südosten gerückt (siehe Abb. 3). In dem Diagramm der Abb. 4 findet man die ganze scheinbare Bahn für den Zeitabschnitt der guten Sichtbarkeit, die in diesem Falle etwas mehr als einen Monat betragen hat. Entdeckt war er schon am 2. Juni des Jahres durch *Donati* in Florenz. Von einem Schweif war um diese Zeit noch nichts zu bemerken, er bestand dann nur aus einem schwachen, diffusen und rundlichen Nebel, der nur mit Fernrohren zu erkennen war. Die ersten Spuren eines Schweifes, der dann schnell heller und länger wurde, zeigten sich erst Ende August. Gegen das Ende der Sichtbarkeit existierte ebenfalls nur noch der Kometenkopf.

Im allgemeinen ist bei großer Helligkeit auch ein heller Schweif vorhanden. Diese Regel ist aber nicht ohne Ausnahmen. So war Komet Holmes 1892 zeitweise ein relativ helles Objekt, zeigte aber keinen Schweif. Je mehr man in den historischen Notizen in den Jahrhunderten zurückgeht, desto heller und gewaltiger werden die Erscheinungen. Man muß sich hüten, in den alten Berichten alles für bare Münze zu nehmen. Von einigen wird sogar behauptet, daß sie Schatten geworfen hätten und zwar fast so stark wie die des Vollmondes, was wohl als „Kometenlatein" bezeichnet werden muß. Glaubhaft sind dagegen die Berichte von

Abb. 2. Komet Donati am 5. Oktober 1858. Rechts von der Schweifmitte das Sternbild „Großer Bär", links von der Schweifmitte das Sternbild „Die Krone". Zeichnung nach dem visuellen Anblick von *H. A. Pickering*, Harvard Observatory.

Abb. 3. Komet Donati am 13. Oktober 1858. Das Sternbild „Die Krone" liegt jetzt rechts vom Ende des Schweifes. Zeichnung von *H. A. Pickering*.

einigen Kometen, die am hellen Tage sichtbar gewesen sein sollen. Es steht einwandfrei fest, daß der schon erwähnte Septemberkomet 1882 auch erkennbar blieb, nachdem er in seiner scheinbaren Bahn vom Nachthimmel auf den Tageshimmel überging.

Nach dem Septemberkometen 1882 ist bisher noch nicht wieder eine Erscheinung ersten Ranges, die sich mit diesem hätte messen können, aufgetaucht. Die Forschung hat sich inzwischen mit

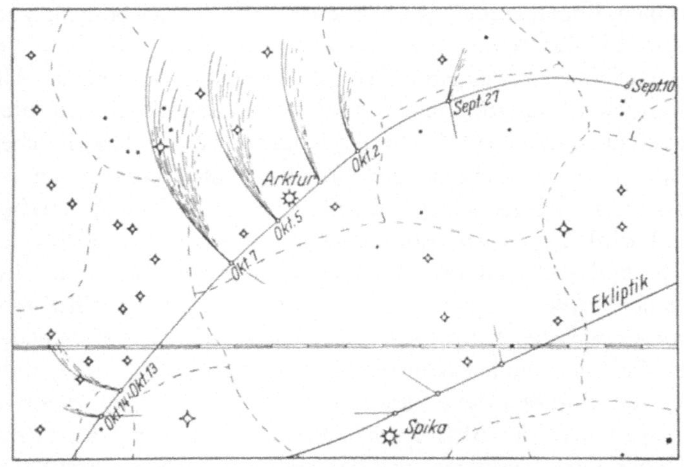

Abb. 4. Scheinbare Bahn des Donatischen Kometen am Himmel. Für September 27, Oktober 7 und Oktober 14 ist auch die Stellung der Sonne auf der Ekliptik eingezeichnet.

etwa einem Dutzend mittelgroßer und einigen Dutzend schwacher Objekte begnügen müssen. Aus der ersten Gruppe ist am bekanntesten geworden der Komet Halley 1910. Zur Zeit seiner größten scheinbaren Helligkeit im Mai des Jahres 1910 war er auch für einige Tage ohne besondere Anstrengung mit unbewaffnetem Auge zu sehen. Die Beobachtung mit den Teleskopen erstreckte sich über mehr als ein Jahr. Im September 1909 war er schon als ein „schwacher Stern" entdeckt worden (siehe Abb. 5a), im Februar 1910 zeigten sich die ersten Spuren eines Schweifes, voll entwickelt war dieser aber erst im April des Jahres. Die Photographien der Abb. 5 geben nicht die volle Länge des Schweifes sondern nur die kopfnäheren, hellsten Partien.

Als man gegen Ende des 17. Jahrhunderts die Kometen mit den Fernrohren zu beobachten anfing wurde schon erkannt, daß im Zentrum des Kometenkopfes eigentümliche Ausströmungserscheinungen vor sich gehen. Selten sind diese allseitig, sie bevorzugen vielmehr einen Halbraum und zwar den, welcher dem Stand der Sonne zugewendet ist. Die Vorgänge erinnern an einen Springbrunnen, die ausströmenden Substanzen bewegen sich nur für ein kurzes Stück in der Ausströmungsrichtung und biegen bald in einem Bogen zurück in den Schweif. Kopf und Übergang zum Schweif bilden dann vielfach im Fernrohr einen Anblick, wie es die Zeichnungen der Abb. 6 zeigen. Der Kometen*kern*, der Ursprung der Ausströmungen wird von parabolisch geformten Enveloppen umgeben. Nicht alle Kometen zeigen diese Erscheinung, jedenfalls nicht deutlich. In den letzten Jahrzehnten hat man kaum Gelegenheit gehabt, sie näher zu studieren. Anscheinend wird das Ausströmungsbild auch nur im grün-gelb-roten Licht und nicht im blau-violetten erkenntlich. Man muß dies aus der Tatrache folgern, daß bei dem Kometen Daniel 1907 photographische Aufnahmen auf blauempfindlichen Platten den gewöhnlichen runden Kometenkopf zeigten (siehe Abb. 7) während um dieselben Zeiten das visuelle Bild im Fernrohr den seitlichen Figuren der Abb. 6 sehr ähnlich war. Dieser Unterschied läßt sich nur so erklären, daß das gelb-rote Licht einerseits und das blau-violette andererseits von ganz verschiedenen Substanzen herrührt, die sich räumlich zwar durchmischen aber ganz verschiedene Bewegungsformen besitzen.

Mittelhelle Kometen, die soeben mit bloßem Auge wahrnehmbar werden, haben sehr häufig im photographischen Licht (blauviolett) die Form der Abb. 7 und 8. Aus einem relativ großen, rundlichen Kopf bricht ein Bündel divergenter Strahlen hervor, das dann den Schweif bildet. Die Strahlen sind um so kürzer, je weiter ab sie von der Schweifachse liegen. Bei geeigneter Belichtung der Aufnahmen gelingt es gelegentlich auch, die Strahlen weiter in den Kopf hinein zu verfolgen wobei sich dann zeigt, daß diese ihren Ursprung in der unmittelbaren Nähe des Kernes haben. Meist ändern sich die feineren Strukturen der Schweife sehr schnell so daß von einer Nacht zur anderen das Bild sich vollständig wandeln kann. Gelegentlich reißen auch Schweifteile vollständig

a

b

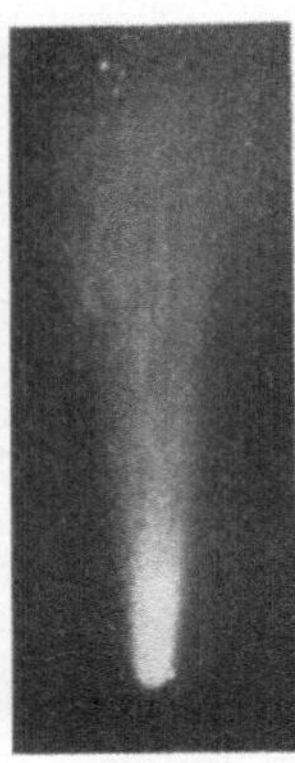

c

c

d

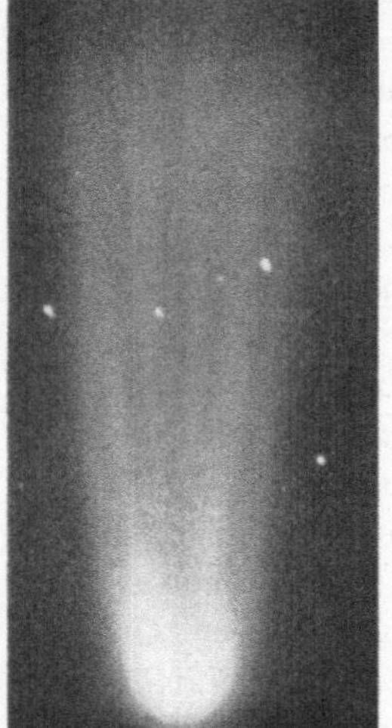

f

Abb. 5.
Komet Halley 1910 bei verschiedenen
Sonnenabständen r.

a) r = 5,0 Astron. Einh. Sept. 13, 1909

b) r = 2, 3 A. E. Dez. 13, 1909

c) r = 1, 50 A. E. Febr. 10, 1910

d) r = 0,60 A E April 20, 1910

e) r = 0,60 AE April 20, 1910

f) r = 0,60 AE April 28, 1910

Aufnahmen mit dem Crossley-Reflektor der
Lick-Sternwarte, USA. N. T. Bobrovnikoff.

vom Kopf ab und bewegen sich als isolierte Teile allmählich zum Schweifende hin. Mehrfach hat man auch den Schweif als Ganzes sich vom Kopf trennen und abwandern gesehen (siehe Abb. 74).

Die Kometenbeobachtung wird von den Astronomen nach drei bzw. vier verschiedenen Richtungen hin vollzogen. Eine erste Aufgabe besteht in der Positionsbestimmung am Himmel mit dem näheren Ziel der Festlegung der *scheinbaren* Bahn. Man bestimmt Nacht für Nacht die Stellung des Kometen*kerns* in bezug auf die benachbarten Fixsterne. Dies kann visuell oder photographisch geschehen. Die Positionen oder scheinbaren Örter liefern die Unterlagen zur Berechnung der *wahren* Örter und Bahnen im Raume.

An zweiter Stelle wäre zu nennen die visuelle und photographische Beobachtung der Struktur des Kometenkörpers. Die photographische Methode ist der visuellen hier sehr überlegen, da sie durch Verlängerung der Belichtungszeiten auch schwächere Objekte oder schwächere Teile eines Bildes zu erfassen gestattet. Außerdem liefert sie ein für allemal „Schwarz auf Weiß" das momentane Kometenbild. Das Zeichnen am Fernrohr nach dem visuellen Eindruck ist stets sehr mühsam.

Von großem Interesse in bezug auf die Erforschung der physikalischen Natur der Kometen ist die Messung der Helligkeiten und der Änderungen der Helligkeiten mit der Zeit. Man muß in diesem Punkte bestrebt sein, genaue, quantitative Daten zu gewinnen. Die Lichtmenge, die ein Komet aussendet, läßt sich bestimmen, indem man sie mit der eines Sternes vergleicht, für den die Messungen bereits durchgeführt sind. Es gibt am Himmel eine größere Anzahl Sterne, die als „Standards" bereits geeicht sind. Weitere Sterne an diese anzuschließen ist nicht so schwierig. Dagegen bieten die Kometen ein ganz neues, schwierigeres Problem, da sie ausgedehnt sind. Für den ganzen Kometenkörper (Kopf plus Schweif) ist die Aufgabe überhaupt kaum durchzuführen. Durch Verwendung einiger Kunstgriffe ist es dagegen gelungen, die Helligkeiten der Köpfe allein zuverlässig und relativ genau an die Helligkeiten von Sternen anzuschließen. Die Verfahren bestehen im Prinzip darin, daß auch das Sternbild künstlich zu einem flächenhaften Gebilde von der Ausdehnung des Kometenkopfes gemacht wird und man dann den Helligkeitsvergleich

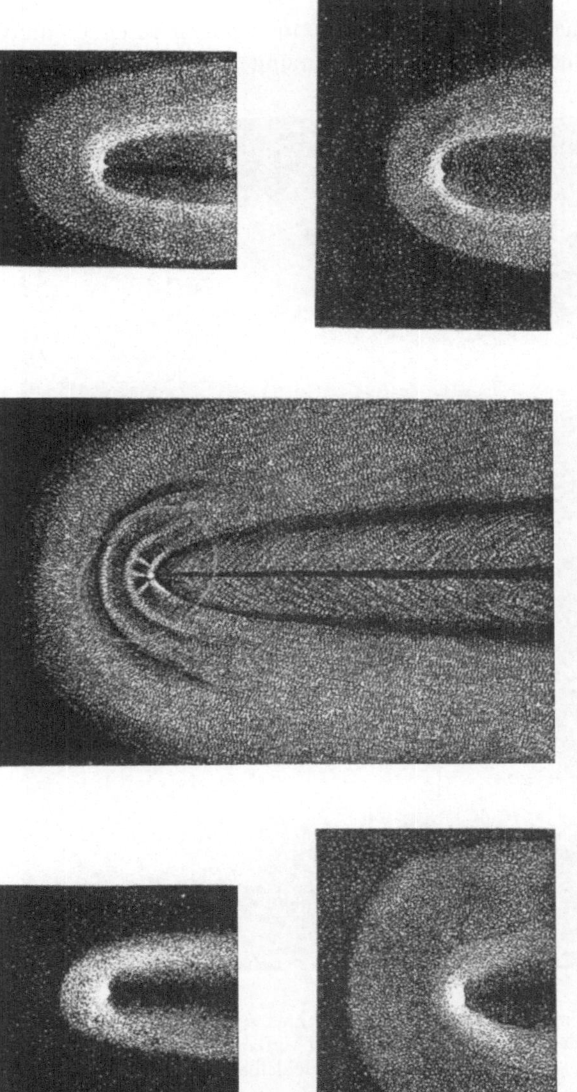

Abb. 6. Ausströmungsbilder beim Donatischen Kometen, September und Oktober 1858. (Zeichnungen nach dem Anblick im Fernrohr von *C. Pape*, Hamburg-Altona).

durchführt. Wie sich zeigt, ist der visuelle Vergleich einem photographischen überlegen. Die über einen längeren Zeitabschnitt sich
erstreckenden Helligkeitsbestimmungen werden gewöhnlich in

Abb. 7. Komet Daniel 1907. Die Aufnahme zeigt nur die dem Kometenkopf
naheliegenden Partien des Schweifes. (Aufnahme *Max Wolf*, Reflektor der
Sternwarte Heidelberg).

einer Lichtkurve zusammengefaßt (siehe Abb. 9). Von den in der
Abbildung vorhandenen Kurven interessiert uns hier nur die,
welche durch die eingezeichnete Punktfolge hindurchgeht. Die

Punkte repräsentieren die invi-
duellen Helligkeitsbestimmungen, die Lichtkurve ist aus diesen
durch Mittelbildung und Fehler-
beseitigung gewonnen. Zu jedem
Punkt wie auch jedem Kurven-
punkt gehört eine bestimmte
Helligkeit (vertikale Skala rechts
und links) und ein bestimmtes
Beobachtungsdatum (horizontale
Skala). Die Helligkeitsskala be-
darf einer Erläuterung. Die Ska-
lenwerte 3, 4 usw. sind Maße für
die Lichtmenge, die von dem
Kometenkopf (oder allgemeiner
einem Gestirn) in der Zeiteinheit
auf der Erde auf eine Fläche
bestimmter Größe (etwa 1 qm)
trifft. Der Lichtstrom ist ein
Energiestrom. Es ist ohne weiteres möglich, mit geeigneten
physikalischen Apparaten den
ständigen Energiefluß eines Sternes zu messen und etwa in Watt
pro qm anzugeben. Entsprechende Bestimmungen sind für zahlreiche Sterne durchgeführt, wobei noch Unterteilungen für vi-
suelles (grün-gelb-rot) und blau-
violettes Licht vorgenommen
sind. Die verschiedenen Helligkeiten (Energieflüsse auf der
Erde) der Sterne drückt man
nun nicht direkt in den Energie-
beträgen, sondern in sogenannten astronomischen Sterngrößen
aus, womit hier also die Größe
der Helligkeit gemeint ist. Die

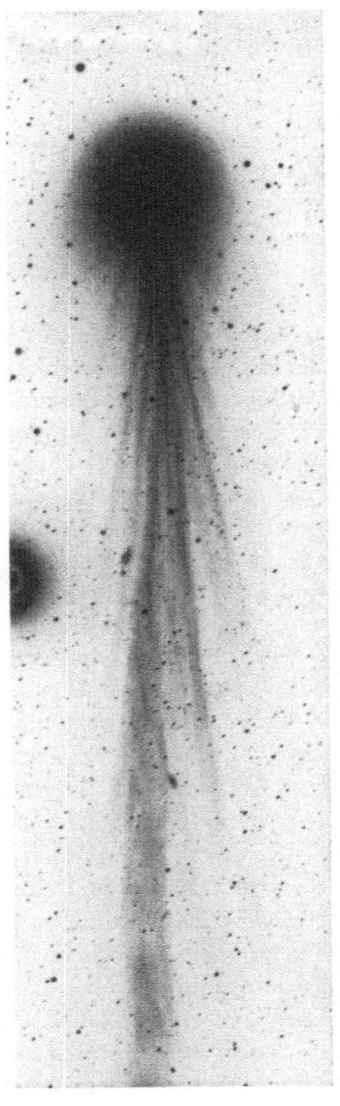

Abb. 8.
Komet Whipple-Fedtke (1942 g).
(Aufnahme von *P. Ahnert*,
Sonneberg.)

Zahlenwerte der Sterngrößen haben die beiden Eigentümlichkeiten, daß einerseits nicht nur positive sondern auch negative Werte vorkommen ($+10 +9 \ldots \ldots +1, 0, -1, -2 \ldots \ldots \ldots -10$) und anderseits der kleinere Betrag einer höheren Helligkeit entspricht. Die Gründe, weshalb sich eine solch unvernünftige Zählung eingebürgert hat, wollen wir hier nicht erläutern. Wichtig ist aber sich zu merken, daß das Fortschreiten um eine Einheit (also beispielsweise von 5 auf 4 oder -5 auf -6) immer eine Steigerung der Helligkeit um einen Faktor 2.512 bedeutet. Diese Zahl hat den Logarithmus (Basis 10) $=0.4$. Hat ein Stern A die Sterngröße $+5$, ein zweiter B die Sterngröße 0, so ist der letztere $2.512^5 = 100$mal heller als der erste; auf der Erde empfängt man von B den 100fachen Betrag der Lichtmenge des Sternes A. Für die Sterngrößen benutzt man die Bezeichnung m. Für Sirius ist m (visuell) $= -1.6$, für die Sonne m (visuell) $= -26.8$. Da die Helligkeiten im grün-gelb-roten Licht, für das unser Auge besonders empfindlich ist, nicht genau die gleichen sind wie für das blau-violette, so ist immer anzugeben, ob visuelle oder blau-violette Helligkeiten gemeint sind. Die letzteren bezeichnet man kurz zur Unterscheidung gegen die ersteren als photographische Helligkeiten oder Sterngrößen.

Die Beobachtung des Kometen Whipple-Fedtke (1942 g) begann nach der Lichtkurve also um den 10. Dezember 1942 bei der Sterngröße 7 und endigte Anfang Juni 1943 mit etwa m = 8.7. Im Vergleich zu Sirius war er zuletzt um $8.7 + 1.6 = 10.3$ Größen schwächer als dieser Stern, d. h. um rund einen Faktor 10 000. Die Lichtkurve zeigt zwei maximale Erhebungen ungefähr gleicher Höhe mit m = $+3.6$, wo der Unterschied gegen Sirius somit nur einen Faktor 48 ausmacht. Die Köpfe der sehr hellen Kometen können mit ihrer Helligkeit die des Sirius weit übertreffen. Die Helligkeiten, von denen bisher gesprochen wurde, sind als *scheinbare* zu bezeichnen, da sie noch nichts über die von Kometen wirklich ausgestrahlte Energie aussagen. Darüber kann erst dann allgemein eine Kenntnis gewonnen werden, wenn die Distanz von der Erde bekannt ist.

Schließlich ist dann noch in Bezug auf die Aufgaben der Kometenastronomie die spektroskopische Erforschung der Kometen zu nennen, die gerade in den letzten Jahrzehnten besonders intensiv betrieben worden ist. Durch das Spektrum wird die Zusammensetzung des Kometenlichtes erforscht, womit man insbesondere Aufschluß

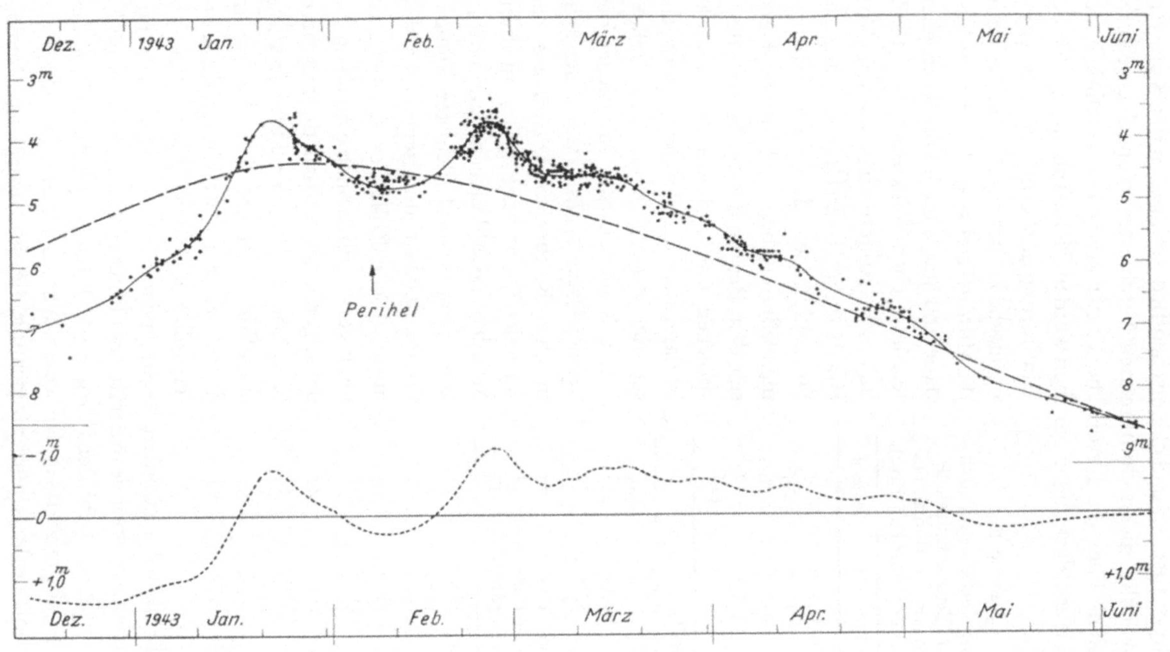

Abb. 9. Lichtkurve des Kometen Whipple-Fedtke (1942 g) nach *Max Beyer*.

erhält über die Natur der leuchtenden Substanzen wie auch über die physikalischen und chemischen Bedingungen in den Kometen.

Am Schluß dieses einführenden Abschnittes soll noch eine kurze Übersicht über die historische Entwicklung der Häufigkeit der Kometenentdeckungen gegeben werden (siehe Tabelle 1). Vor der Einführung der Fernrohre in die astronomische Forschung, die man etwa in die Mitte des siebzehnten Jahrhunderts datieren kann, sind die ausgesprochen teleskopischen Objekte selbstverständlich nicht aufgefunden worden. Von einer sorgfältigeren Überwachung des Sternenhimmels durch die Astronomen läßt sich aber überhaupt doch erst seit dem Beginn des 19. Jahrhunderts sprechen, und nach diesem Zeitpunkt ist dann auch ein plötzliches Anwachsen der Auffindungen festzustellen.

Die Kometen sind Mitglieder des Sonnensystems, des Systems der kosmischen Körper, bestehend aus der zentralen Sonne, den Planeten mit ihren Monden und zahlreichen Materiebrokken kleinerer und kleinster Dimensionen. Die astronomische und astrophysikalische Rolle der Kometen ist nicht verständlich ohne eine Kenntnis des allgemeinen Aufbaus dieser ganzen Körperwelt. Um den Leser in diese einzuführen, ist der Weg, der sich an die historische Entwicklung hält, wahrscheinlich der zweckmäßigste, dem wir deshalb hier folgen werden. Beginnend mit den Anfängen der abendländischen Astronomie in der Zeit der Renaissance wird in dem nächsten Kapitel versucht, den Fortgang der Forschung bis zum Ende des vorigen Jahrhunderts in den wesentlichsten Linien zu beschreiben. Die Probleme der Kometenforschung, die bis in unsere Tage hineinragen, werden in den Kapiteln IV und V ausführlicher behandelt.

Tabelle 1.

Kometenentdeckungen (nach *M. F. Baldet*, Extrait de l'Annuaire du Bureau des Longitudes pour l'an 1950).

Vor Chr. Geb.	Anzahl
2500—2000	6
—1500	5
—1000	6
— 500	10
0	118

Nach Chr. Geb.	
0— 500	172
—1000	207
—1500	277
1500—1600	77
—1700	38
—1800	77
1800—1820	31
—1840	35
—1860	82
—1880	79
—1900	124
1900—1910	45
—1920	52
—1930	52
—1940	61
1940—1950	65

II. Die Kometen als Glieder des Sonnensystems –
Das Sonnensystem
(Historischer Gang der Erforschung)

2. Die Anfänge der europäischen Astronomie —
Von Kopernikus bis Kepler

Die Frage: was sind die Kometen? warf für alle, die sich ernstlich darüber Gedanken machten, immer zunächst die andere auf: wo sind die Kometen, wie sind sie räumlich im Kosmos einzuordnen?

Nachdem in Europa in der Renaissance das naturwissenschaftliche Denken sich zu regen begann, ein Denken, das sich einer ständigen Kontrolle durch Tatsachen (Beobachtung und Experiment) unterwirft, stand in der Astronomie auch sofort das Kometenproblem zur Diskussion und zwar im engen Zusammenhang mit der allgemeineren Frage nach dem Bau des Kosmos. Es berührte damit die Kämpfe um das kopernikanische Weltsystem. Die Naturwissenschaften und an deren Spitze die Astronomie traten in dieser Zeit als eine Angelegenheit auf den Plan, die das ganze geistige Leben der abendländischen Menschheit betraf, welches in dem vergangenen Jahrtausend fast einzig durch die Theologie bestimmt war. Die Loslösung des Denkens aus dem Bann der mittelalterlichen „Autoritäten", der Offenbarung und der dazu gekommenen Philosophie des *Aristoteles*, kurz der Scholastik, war ein langsamer, sich über mehrere Jahrhunderte hinziehender Prozeß. Der „nuova scienca" geht zunächst voraus eine stärkere Hinwendung zur Welt im Humanismus des 14. Jahrhunderts mit einem verbreiterten Studium antiker griechischer und auch römischer Schriftsteller. Für die Naturwissenschaften bedeutet das 15. Jahrhundert gegenüber dem alten, scholastischen System zunächst mehr nur das Legen einer Bresche. Man ist vorläufig bestrebt, sich das Wissen der älteren Kulturen vollständiger anzueignen. Die Renaissance der Astronomie und allgemein der Naturwissenschaften beginnt mit *Kopernikus* nach 1500 erst dann, als die der Künste bereits auf einem Höhepunkt angelangt ist; voll ins Blickfeld der Öffentlichkeit tritt sie sogar erst zu Anfang des 17. Jahrhunderts.

Das frühe christliche Mittelalter hatte die griechische Philosophie, die auch das Wissen von der Natur mit einschloß, als heidnisch ganz abgelehnt, sie schien in dieser Zeit für das Abendland vergessen und verloren. Auf dem Boden der griechisch-römischen Zivilisation entstanden, enthielt das Christentum nichtsdestoweniger eine Menge griechisch-römischen Kulturgutes in sich. In den Jahrhunderten vor der Renaissance war es dann mehr und mehr dazu gekommen, daß vor allem die Schriften *Platos*, die Naturphilosophie des *Aristoteles* und die Astronomie des *Ptolemäus*, deren Grundriß übrigens auch von *Aristoteles* stammte, zu einer Art Ergänzung der Bibel wurden. Das ptolemäische Bild des Universums stand mit dem Text der Bibel in keinem Widerspruch, es lieferte vielmehr für diese eine ganz passende Szenerie. Der erste neue Kontakt mit dem griechischen Wissen war erfolgt über die arabische Zivilisation insbesondere im Gefolge der Kreuzzüge. Der überlegene griechische Geist beginnt den langsam reifenden mittelalterlichen Verstand zu beschäftigen und obwohl das Christliche nach wie vor grundlegend bleibt, paßt sich das Christentum der hellenischen Philosophie, d. h. in erster Linie der des *Aristoteles* an. Unter den Männern, die diesen Prozeß vollziehen, sind an erster Stelle *Albert der Große* (1193—1280) und der hl. *Thomas von Aquino* (1225—1274) zu nennen.

Fast das gesamte astronomische Wissen des antiken Zeitalters fand man systematisch zusammengestellt in der Syntaxis des *Ptolemäus*, der um 140 nach Christi in Alexandrien lebte. Das Werk — von den Arabern als „Almagest" bezeichnet — enthält in bezug auf den Fixsternhimmel unter anderem die Beschreibung der von den Griechen eingeführten und heute noch gebräuchlichen 48 Sternbilder und ein Verzeichnis von 1022 darin enthaltenen Sternen sowie eine Beschreibung der Milchstraße. Das physische Weltbild (das Bild des Kosmos) des *Ptolemäus* ist *geozentrisch*, die Erde ist die Mitte, um sie kreisen von *Westen* nach *Osten* in *langsamer* Bewegung die „Wandelsterne" nämlich Sonne, Mond und die fünf (damals bekannten) Planeten. Außer ihrer eigenen Bewegung haben die Wandelsterne noch teil an der täglichen ganzen Umdrehung des Fixsternhimmels von Ost nach West.

Die griechische Theorie der Bewegung der Himmelskörper enthält ein grundlegendes Axiom: Alle Bewegungen im Weltraum erfolgen einmal in Kreisen und weiterhin mit gleichförmiger Geschwindigkeit. Schon bei der Anwendung auf die Sonne führt dies aber sofort auf einen Widerspruch. Soll die Erde im Kreismittelpunkt stehen, so ist nicht zu verstehen, daß die Winkelgeschwindigkeit der Sonne im Laufe des Jahres ein wenig veränderlich ist. Bei der Genauigkeit der Beobachtungen der damaligen Zeit überwand man aber diese Schwierigkeit, indem man den Standpunkt der Erde etwas außerhalb des Kreiszentrums wählte, wodurch die gleichförmige Kreisbewegung bald aus größerer, bald aus kleinerer Distanz gesehen wurde (siehe Abb. 10). Dieses Bild der exzentrischen Kreise war natürlich ein Schönheitsfehler. Für die Planeten

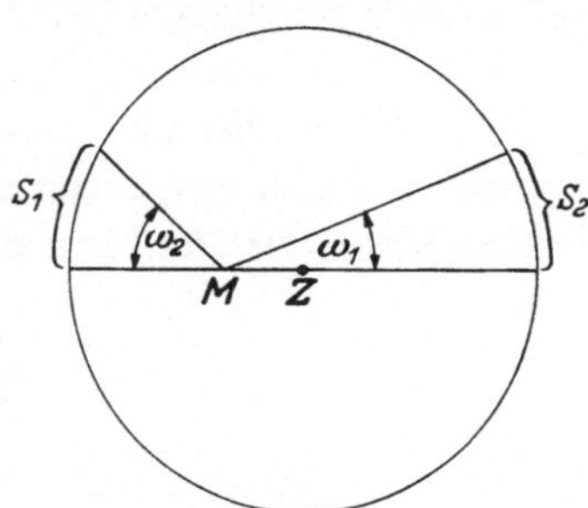

Abb. 10. Bei einer gleichförmigen Kreisbewegung werden von dem Himmelskörper die gleichen Bogenstücke S_1 und S_2 in derselben Zeit durchlaufen. Vom Punkte M gesehen ist jedoch die Winkelgeschwindigkeit auf S_1 größer als auf S_2.

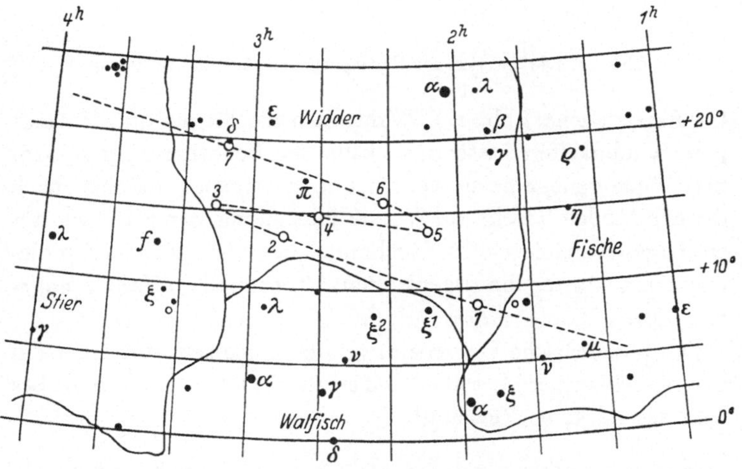

Abb. 11. Die Bewegung des Planeten *Mars* zwischen den Sternen von August 1926 bis Februar 1927 (gestrichelte Kurve). Punkt *1.* Stellung am 1. Aug. 1926; *2.* 1. Sept. 1926; *3.* 1. Okt. 1926; *4.* 1. Nov. 1926; *5.* 1. Dez. 1926; *6.* 1. Jan. 1927; *7.* 1. Febr. 1927. (Aus *E. Strömgren* und *B. Strömgren*, Lehrbuch der Astronomie, Verlag Julius Springer, Berlin 1933.

reichte dasselbe aber bei weitem noch nicht aus. Hier erscheint am Himmel noch eine zweite „Ungleichheit" in der Form von zeitweiligen Stillständen und rückkehrenden Bewegungen, die überhaupt nicht auftauchen dürfen, wenn die Kreisperipherie gleichförmig durchlaufen wird und die Erde innerhalb des Kreises steht (siehe Abb. 11). Hier half die Einführung eines „Epizykels". Es ist dies ein zweiter Kreis, ein Kleinkreis, dessen Zentrum auf dem erstgenannten Großkreis liegt. Der Planet rotiert im Kleinkreis, der Mittelpunkt des letzteren gleichzeitig im

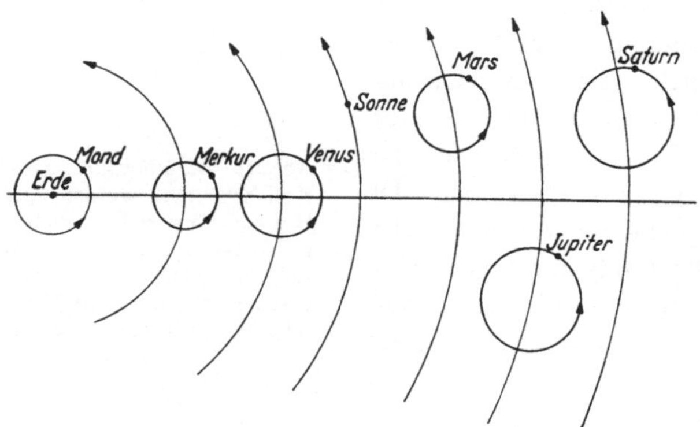

Abb. 12. Die epizyklische Bewegung der Planeten im Raum.

Großkreis (siehe Abb. 12). Wählt man die Radien und Umlaufgeschwindigkeiten passend, so kann den Beobachtungen in großen Zügen genüge getan werden, und es war sogar möglich, nach diesem Modell Tafeln zur Vorausberechnung der Planetenörter am Himmel anzulegen. Im Hochmittelalter entstanden nach ptolemäischem Muster die sogenannten Alfonsinischen Tafeln (angeregt durch König *Alfons von Kastilien* [1223 bis 1284]).

Das ptolemäische Universum genoß im ganzen Mittelalter ein uneingeschränktes Vertrauen und erfuhr für fast ein und ein halbes Jahrtausend keine Revision[1].

---

[1] Die Griechen hatten schon zwischen dem dritten und fünften Jahrhundert vor Christi Geburt eine Reihe von Prinzipien entdeckt, die in die moderne Naturwissenschaft Eingang gefunden haben. *Leukipp* und *Demokrit* lehrten die atomistische Struktur der Materie, *Hiketas von Syrakus* glaubte an die tägliche Umdrehung der Erde um ihre Achse und *Aristarch von Samos* be-

Was die Kometen anbetrifft, so wurde in der ptolemäischen Sternkunde auch über diese eine feste Ansicht überliefert. Nach *Aristoteles*, auf den dieselbe zurückging, hatte man in ihnen keine Himmelskörper sondern Gebilde der Erdatmosphäre zu sehen wie die Sternschnuppen und Nordlichter.

Kopernikus (1473—1543), der sich nach den Worten seiner Zeitgenossen unterfing, die Wissenschaft Astronomie auf den Kopf zu stellen, veröffentlichte seine Lehre über den Bau des Universums erst kurz vor seinem Tode im Jahre 1543. Durch briefliche und mündliche Kommunikation war sie aber in der Form eines Vorberichtes schon vielen um 1515 bekannt geworden. Nicht die Erde ist das Zentrum des Umlaufs der Planeten sondern die Sonne, nicht der Fixsternhimmel hat einen täglichen Umschwung sondern die Erde. Die Unregelmäßigkeiten der Planetenbewegung am Fixsternhimmel, die zweiten Ungleichheiten, erklären sich durch die Umlaufsbewegung der Erde um das Sonnenzentrum, die Erde ist ein Planet (siehe Abb. 13).

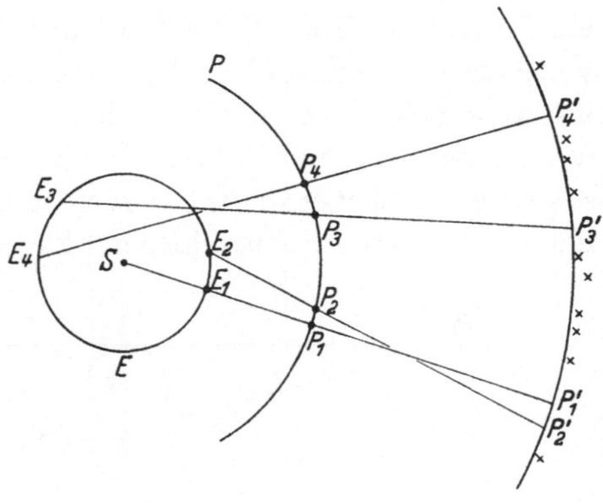

Abb. 13. Die Planetenbewegung im System des *Kopernikus*. Die Erde und alle Planeten bewegen sich im gleichen Sinne um die Sonne S. Stehen Erde E und Planet P auf derselben Seite von der Sonne, so ist die von der Erde aus auf die Himmelskugel projezierte Bewegung des Planeten *rückläufig*, da die Erde schneller um die Sonne rotiert als der Planet. Bewegt sich die Erde von E_1 nach E_2 und der Planet in derselben Zeit von P_1 nach P_2, so führt die scheinbare Bewegung des Planeten am Himmel von P_1' nach P_2'. Befindet sich die Erde auf der entgegengesetzten Seite der Sonne wie der Planet (E_3, E_4 und P_3, P_4) so erfolgt die scheinbare Bewegung des Planeten (P_3', P_4') in demselben Sinne wie seine wahre Bewegung im Raum.

---

hauptete den jährlichen Umlauf der Erde um die Sonne. Bedauerlicherweise verwarf der *hl. Thomas von Aquino*, dessen Autorität für das Denken seiner und der nachfolgenden Zeit maßgebend war, diese Lehren und entschied sich für die Naturauffassung des *Aristoteles*, die gänzlich wertlos war.

Ebenso wie *Ptolemäus* hält *Kopernikus* noch an der *gleichmäßigen* und *kreisförmigen* Bewegung fest. Merkur, Venus, Mars, Jupiter und Saturn rotieren um die Sonne in *exzentrischen Kreisen*. Der Mond ist aus dem System der Planeten herausgenommen, er wird ein Trabant der Erde. Ein voller Umlauf der Erde um die Sonne vollendet sich in einem Jahr. Die Umläufe aller Planeten sind „vorwärts" gerichtet, sie vollziehen sich im selben Sinne wie die Bewegung der Erde, und die Geschwindigkeit eines Planeten wird um so größer, je näher er an der Sonne steht. Die Ebenen, die durch die Bahnen definiert werden, bilden nur kleine Winkel gegeneinander.

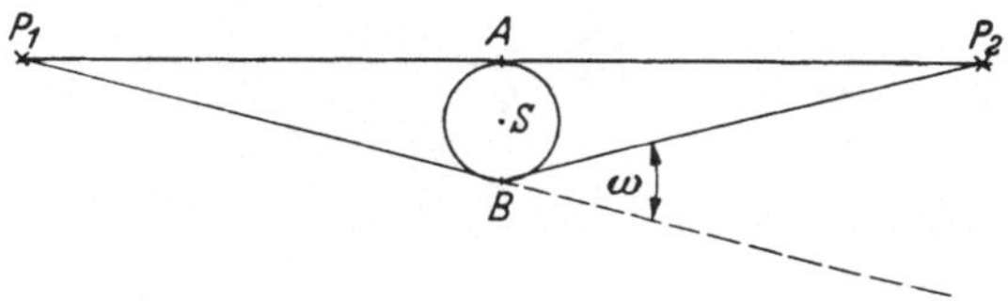

Abb. 14. Befindet sich die Erde in ihrer Bahn im Punkte A und sind P_1 und P_2 zwei Sterne, die um 180° am Himmel von einander abstehen, so verkleinert sich dieser Winkel in der Stellung B der Erde um den Winkel ω. ω, ist nur dann verschwindend klein, falls die Entfernung der Sterne sehr groß ist im Vergleich zum Durchmesser der Erdbahn.

Für die Fixsterne hatte *Kopernikus* bedeutend größere Entfernungen anzunehmen, als es bisher geschehen war. Wenn nämlich die Erde im Laufe eines Jahres eine Bahn großer Ausdehnung durchläuft, so muß die Visierlinie zu einem Punkt im Raum mit der Jahreszeit eine Richtungsänderung erfahren, d. h. die Sterne müßten eine jährliche *Parallaxe* zeigen (siehe Abb. 14). Derartiges wurde aber nicht bemerkt. Somit waren die Sternentfernungen als sehr groß im Vergleich zum Radius der Erdbahn vorauszusetzen. Das Weltall erfuhr eine Erweiterung seiner Dimensionen.

Wenn man die Aktualität einer Lehre, ihre Bedeutung für die öffentliche Meinungsbildung danach beurteilt, ob und in welchem Maße sie an höheren Bildungsanstalten der Länder dargeboten wird, so blieb die kopernikanische These in dieser Hinsicht nach ihrer Bekanntgabe noch für mehr als ein und ein halbes Jahrhundert ohne Belang. Daran änderte sich auch nichts, als *Kepler* (1571—1630) etwa 100 Jahre nach *Kopernikus* die Gesetze der Planetenbewegung in voller Klarheit bekannt geben konnte (1619).

Die grundlegende Neuerung, welche nichts weniger als das Bild der gesamten physischen Welt betraf, vollzog sich zwar durchaus nicht im Geheimen, aber vollständig außerhalb des Betriebes der Hochschulen der Zeit. Anderseits wäre es falsch zu behaupten, daß die beiden Erneuerer so von ungefähr aufgetaucht wären. Die abendländischen Völker und im besonderen Deutschland erlebten vielmehr gerade eine erste große Blüte der astronomischen Wissenschaft, aber diese allgemeine Bewegung blieb in den herkömmlichen Bahnen und rüttelte nicht an den Grundfesten. Noch ganz gegen Ende des 17. Jahrhunderts sind, jedenfalls in öffentlichen Verlautbarungen, die Gegner des kopernikanischen Systems in der Überzahl.

Diese Trägheit des zeitgenössischen Geistes in der Erfassung der umgestaltenden Idee des *Kopernikus* erscheint uns heute fast unfaßbar und wird auch nur verständlich, wenn man davon absieht, die Dinge nach der intellektuellen Verfassung des modernen Menschen zu beurteilen, der darauf eingestellt ist, daß alles erreichte Wissen, in einem weiteren Rahmen gesehen, immer nur mehr vorläufig bleibt und die Merkmale einer ersten Approximation nie verliert. Der mittelalterliche Mensch hatte gegenüber seinem Schatz an Wissen, an Lehrmeinungen aber genau die entgegengesetzte Einstellung, er versah ihn nach seiner Überzeugung mit endgültigen Gewißheiten. Mit dem christlichen Glauben und der kirchlichen Lehre, die auch, wie zu betonen ist, die von den Kirchenvätern gegebene Interpretation der „natürlichen" Dinge einschloß, fühlte er sich in einer wohlgeordneten geistigen und physischen Welt, es konnte sich für die Zukunft nur darum handeln, hier und dort noch einiges zurechtzurücken. Man lebte in dem festen Glauben, daß Gott alles Wesentliche den Menschen geoffenbart habe und durch den Mund der Kirche mitteile. Die Einschätzung der profanen Wissenschaften war durchaus nicht die, daß sie in der Lage seien, verbindliche Wahrheiten zu vermitteln; man betrachtete ihre Ergebnisse bestenfalls als philosophische Poesien. Dahin wurde auch *Galilei* (1564—1642) von den Kardinälen der Inquisition und zwar zunächst durchaus sehr wohlwollend belehrt, als er für die kopernikanische Lehre eintrat und um deren Anerkennung durch die Kirche warb. „Die Theologie, hat man gesagt, sei die Königin aller Wissenschaften, nach ihr müssen daher die übrigen sich richten, und fände sich in einer untergeordneten Wissenschaft eine gesicherte Erkenntnis, der eine andere der Schrift entnommene widerspricht, so haben die Lehrer der untergeordneten Wissenschaften Sorge zu tragen, daß ihre Beweise widerlegt, die Trugschlüsse in ihren eigenen Erfahrungen aufgedeckt werden, ohne daß deshalb Theologen und Schriftgelehrte in Anspruch genommen werden.“ Diese briefliche Äußerung *Galileis* kennzeichnet genau den bestimmenden Geist der Zeit und zugleich den minderen Rang, den in ihm die Argumente einnahmen, mit denen die neue Wissenschaft hervortrat. Der Kampf um die Anerkennung der Ergebnisse wissenschaftlicher Forschung als Wahrheiten ersten Ranges wurde ausgetragen von nur einigen wenigen Männern, die nicht allein genial sondern zudem gleichzeitig — man denke insbesondere an *Galilei, Kepler* und *Giordano Bruno* — großartige Charaktere waren.

Bedenken innerwissenschaftlicher, sachlicher Art, die uns heute allein zögern lassen, eine wissenschaftliche Neuerung zu akzeptieren, haben bei der Rechtfertigung der Unterdrückung der kopernikanischen Lehre letzten Endes überhaupt keine Rolle gespielt. Als deren Ablehnung im Jahre 1616 durch ein Dekret der Index-Kongregation zu einer Verpflichtung für alle Angehörigen der römischen Kirche gemacht wurde, war schon durch die neuen Entdeckungen an den Planeten mit dem inzwischen erfundenen Fernrohr sowie durch die Bekanntgabe der zwei ersten Bewegungsgesetze dieser Körper eine Situation eingetreten, die keinen ernstlich Interessierten über den Wert der kopernikanischen Lehre im Unklaren lassen konnte. Allerdings gehörte dazu wohl eine gewisse Kongenialität.

Aus der Erkenntnis, daß die Erde ein Planet ist, hatte schon *Kopernikus* auf einen der Erde ähnlichen Aufbau bei den übrigen Planeten geschlossen. Er hielt sie für dunkel und undurchsichtig und nur aufgehellt durch das Licht der Sonne. Bei näherer Betrachtung sollte man deshalb *Phasen* bei ihnen bemerken ganz ähnlich denen des Mondes, die abhängen müssen von dem Winkel am Planeten zwischen den Richtungen zur Sonne und zur Erde. Es war *Galilei*, der als erster im Jahre 1610 diese Phasen an der Venus beobachtete. In dasselbe Jahr fällt *Galileis* Entdeckung von vier um Jupiter kreisenden Trabanten.

Zwischen *Kopernikus* und *Kepler* liegt die Leistung des großen Beobachters und großen astronomischen Technikers *Tycho Brahe* (1546—1601). Mit den besten Instrumenten seiner Zeit, teils selbst erfunden, teils wesentlich verbessert bestimmte er über 20 Jahre die Positionen der Planeten und solche von helleren Fixsternen mit einer Genauigkeit, die bis dahin noch von niemanden erreicht worden war. Als spekulativer Geist war *Tycho Brahe* dagegen nicht sehr glücklich. Er verwarf das kopernikanische System und schlug eine Kompromißlösung vor, welche die Erde in Ruhe verharren ließ, umkreist von Mond und Sonne, während die Planeten sich um die Sonne bewegen. Dieser Entwurf kam denen entgegen, welche der Erde keine Bewegung zubilligen wollten. Zu einer Durcharbeitung seines Systems ist *Tycho Brahe* nie gekommen, aber er hinterließ seinem jungen Assistenten *Kepler* in seinen niedergeschriebenen Beobachtungen ein unersetzliches Erbe und erwartete von ihm die Berechnung von neuen Planetentafeln. Mehr als mustergültig kam der Beerbte seiner Verpflichtung nach und leistete mit den tychonischen Beobachtungen das Äußerste, was sie liefern konnten: er leitete aus ihnen seine berühmten Gesetze der Planetenbewegung ab.

Kepler war ein ausgesprochen spekulativer Geist. Sein Kopf war voller eigenwilliger Ideen, sein Temperament neigte sehr zu Schwärmereien, aber er hatte auch die Anlagen zu einer strengen geistigen Disziplin. Als er mit 29 Jahren zu *Tycho Brahe* nach Prag kam, hatte er bereits ein Buch, Prodomus Dissertationum Cosmographicarum Seu Mysterium Cosmographicum, veröffentlicht, welches die kopernikanische Lehre verteidigte, sich aber mehr noch mit seinen eigenen Gedanken und Ansichten beschäftigte. Sein persönlicher Kontakt mit dem durchaus nicht gleich phantasievollen *Tycho Brahe* hatte auf seine wissenschaftliche Begeisterung mehr die Wirkung einer kalten Dusche. Die beiden Männer wußten sich nichtsdestoweniger gegenseitig zu schätzen. Da *Tycho Brahe* bald starb (1601), so gewann *Kepler*, der in dessen Stellung rückte, damit freie Hand für die Art seiner astronomischen Betätigung. An die geplante Bearbeitung des reichen Beobachtungsmaterials hatten beide zweifellos gerade entgegengesetzte Hoffnungen geknüpft: der Ältere gegen, der Jüngere für die kopernikanische These.

Keplers besondere und kühne Idee bestand darin, daß er sich bei den Planeten von dem zähen Festhalten an einer Kreisbahn frei machte. Mit gutem Instinkt greift er zunächst die Marsbewegung an und stellt sich sofort auf den kopernikanischen Standpunkt: Erde und Mars bewegen sich um die Sonne. *Tychos* Material gestattete, allerdings nicht ohne Verwendung einiger schöner Kunstgriffe, die wechselnden Örter des Planeten in Bezug

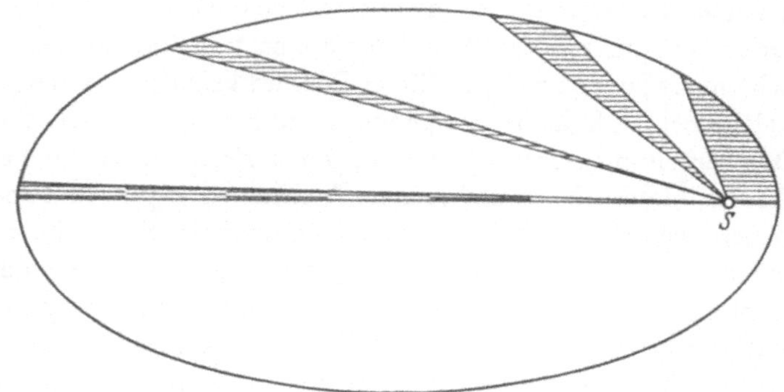

Abb. 15. Zum 2. Keplerschen Gesetz. Die der Ellipse angehörenden äußeren Begrenzungen der vier schraffierten Flächen werden von einem Planeten in derselben Zeit durchlaufen. Die vier Flächen haben denselben Flächeninhalt — Es bleibt zu bemerken, daß die Planetenellipsen weit weniger exzentrisch sind als die hier dargestellte. Selbst die Marsbahn, die Planetenbahn mit der stärksten Exzentrizität, weicht nur wenig von einer Kreisbahn ab. In dieser Tatsache lag die große Schwierigkeit des Erkennens der wahren Bahnformen der [Planeten.

auf die Sonne zu bestimmen. Über die Form der Erdbahn muß er aber zunächst eine Annahme einführen und er verwendet als erste Approximation die exzentrische Kreisbahn. Er hat damit schon einen Erfolg, die Marsbahn enthüllt sich als eine angenäherte Ellipse. *Kepler* wiederholt die ganzen Berechnungen, indem er nun auch für die Erdbahn eine Ellipsenform voraussetzt. Das Resultat ist eine bedeutend verbesserte Darstellung der Marsörter als Ellipse und er entnimmt daraus die Berechtigung zur Aufstellung seines ersten Gesetzes:

1. Die Planetenbahnen sind Ellipsen, in deren einem Brennpunkt die Sonne steht.

Darüber hinaus ergab sich aus seiner Arbeit auch gleichzeitig
sein zweites Gesetz. Die Länge der Bahnstücke, um die der Planet
in seiner Bewegung in einem bestimmten Zeitabschnitt vorwärts
schritt, änderte sich stetig und periodisch über die Bahn hinweg,
die Bahngeschwindigkeit nimmt zu, wenn sich die Entfernung
zur Sonne verringert und umgekehrt. Die Gesetzmäßigkeit, die
sich in der Bahngeschwindigkeit zeigte, formulierte Kepler in
folgender anschaulichen Weise:

*2. Die Strecke, welche die Sonne mit dem Planeten verbindet, über-
streicht gleiche Flächen in gleichen Zeitabschnitten.*

Kepler gab diese Ergebnisse nach fast neunjähriger Arbeit in
seinem 1609 publizierten Buche, Astronomia Nova, bekannt.
Wiederum neun Jahre später (1618) veröffentlichte er ein weiteres
Werk, Epitome Astronomiae Copernicae, in welchem die zwei
Gesetze auf die anderen Planeten, den Mond und die vier von
Galilei entdeckten Jupitermonde angewendet waren. In seiner
„Harmonices Mundi" des Jahres 1619 machte er dann schließlich
die astronomische Welt mit seinem dritten Gesetz bekannt, welches lehrt, in welchem Verhältnis die Zeitintervalle zueinander
stehen, die von den einzelnen Planeten zum Durchlaufen ihrer
vollen Bahn benötigt werden:

*3. Die Quadrate der Umlaufszeiten der Planeten verhalten sich wie
die Kuben ihrer mittleren Entfernungen von der Sonne.*

Die Übereinstimmung des letzten Gesetzes mit der Wirklichkeit
war nach dem damaligen Stande der astronomischen Beobachtung
vortrefflich. Dies zeigt die nachstehende Tabelle 2, in der die
mittleren Distanzen so aufgeführt sind, wie sie Kepler bekannt
waren. Als Einheit der Distanz ist die der Erde von der Sonne
gewählt und als Einheit der Zeit (Umlaufsperiode) das Erdjahr.

Tabelle 2.

Planet	mittl. Distanz	Periode	Kubus der Distanz	Quadrat der Periode
Merkur . . .	0.387	0.241	0.058	0.058
Venus	0.723	0.615	0.378	0.378
Erde.	1.000	1.000	1.000	1.000
Mars.	1.524	1.881	3.540	3.538
Jupiter . . .	5.203	11.86	140.8	140.66
Saturn	9.539	29.46	868.0	867.9

3. Die Grundlagen der Bewegungslehre (Galilei)

Der moderne Naturforscher greift seine Probleme nach einem ganz bestimmten Plane, einer wohlerprobten Methode an. Vollständig mit Bewußtsein und Konsequenz angewandt finden wir sie zuerst bei *Galilei*. Wesentlich dabei ist zunächst einmal, an der Erscheinung als Ganzes nicht hängen zu bleiben und nicht darauf zu bestehen, deren Interpretation mit einem Schlage gewinnen zu wollen. Gesetz und Ordnung der Phänomene werden zugänglicher, wenn man sich ihnen Schritt für Schritt über die im Totalen enthaltenen Einzelerscheinungen nähert. Wenn *Galilei* Körper sich bewegen sieht, so fragt er sich, aus welchen einfacheren Bewegungen sich die erschauten zusammensetzen. Er erkennt den horizontalen Wurf (siehe Abb. 16) als eine Kombination aus zwei von einander unabhängigen Bewegungsarten: dem vertikal beschleunigten Fall und einem gleichförmig horizontalen Fortschreiten. Isoliert von einander untersucht er im Experiment ihre Eigenschaften. Die Superposition beider läßt ihm dann stückweise begreifen, was in einem Schritt nicht gelang.

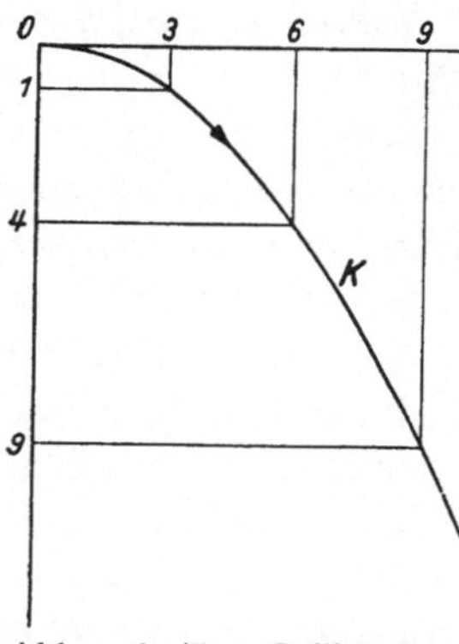

Abb. 16. Zur Galileischen Analyse der Bewegung eines horizontal geworfenen Steines. Die Bewegung auf der Kurve *K* ist in Gedanken zerlegbar in eine gleichförmige (unbeschleunigte) Bewegung in horizontaler Richtung und eine (gleichförmig) beschleunigte Bewegung in senkrechter Richtung.

Den Griechen und ihren mittelalterlichen Schülern war ein solches Vorgehen, die *wissenschaftliche Analyse*, sehr fremd, sie blieben fast immer am vollen Phänomen hängen und suchten dafür eine einheitliche Ursache, wobei man dann ohne die Einführung *wesenhafter* Kräfte selten zum Ziele kam. Im ersten Gottesbeweise des hl. *Thomas von Aquino* steht die auf *Aristoteles* zurückgehende Doktrin: Was immer auch bewegt wird, muß von etwas anderem in Bewegung gesetzt werden. Für die Planeten erfand *Aristoteles* einen „Geist", einen Beweger, der sie ständig vorwärtsschiebt. Die mittelalterlichen Theologen griffen dazu auf Engelscharen zurück.

Kennzeichnend für die moderne Naturforschung ist weiterhin die Forderung, daß jeder neue Schritt nur im Anschluß an ein bereits gesichertes Wissen geschehen darf und die Verbindung mit klaren Begriffen herzustellen ist.

Von *Galilei* stammt die Erkenntnis, daß *Kräfte* stets *Beschleunigungen* bestimmen also nicht die Bewegung als solche sondern eine *Veränderung einer Bewegung*. Eine Bewegung gilt als unverändert, wenn sie sowohl in der *Geschwindigkeit* wie auch in der *Richtung* verharrt.

Die Gesetze der beschleunigten Bewegung der Körper lassen sich aus der Betrachtung der Wirkung der Schwerkraft auf der Erdoberfläche herleiten. Über die Höhen hin, die im Experiment durchlaufen werden, ist die Schwerkraft überall konstant von derselben Größe, sie gibt dem Körper stets in gleichen Zeitintervallen denselben Geschwindigkeitszuwachs, die Beschleunigung ist gleichförmig. Ausgehend von der Ruhe wächst im freien Fall die Geschwindigkeit v eines Gegenstandes proportional der Zeit t, es ist $v = g \cdot t$ mit g gleich dem Zuwachs von v in der Zeiteinheit. Fragt man nach der Länge der Fallstrecke s nach t Sekunden so erhält man eine Proportionalität mit t^2, es ist $s = \frac{g}{2}\,t^2$.

Wie betont werden muß, war jedoch der Weg, wie *Galilei* zu den Fallgesetzen kam, ein ganz anderer. Man muß sich klar machen, daß die physikalischen Begriffe „Kraft" und „Beschleunigung", die wir jetzt so geläufig verwenden, damals, als *Galilei* mit seiner Forschung begann, noch gar nicht existierten. Mit den genannten Worten war nicht mehr verbunden als gewisse Vorstellungen von bewegungsbestimmenden Umständen, der bekannte Sinn des einzelnen Wortes bedeutete aber doch soviel wie eine „Zange", mit der man nach dem exakten wissenschaftlichen Begriff greifen und ihn formen konnte. Galilei legt zunächst überhaupt nur den Begriff der *gleichförmig beschleunigten* Bewegung fest: die Geschwindigkeiten wachsen wie die Fallzeiten. Der nächste Schritt ist der, daß er auf logisch-mathematische Weise die Eigenschaften einer solchen Bewegung konstruiert, wobei er sofort zu den oben für den Fall im homogenen Schwerefeld genannten Resultaten kommt. Die Fallexperimente stehen am Ende, das Beobachtungsverfahren ist durch die geschaffenen Begriffe festgelegt.

Der Zusammenhang zwischen der Geschwindigkeit und der
Zeit war für *Galilei* schwer zu prüfen, er hält sich deshalb an die
zweite abgeleitete Regel über die Länge der Fallstrecke in Abhängigkeit von der verflossenen Zeit. Auch hier muß er noch
einen Umweg wählen. Die Schwierigkeit, kleine Zeitspannen
genau zu messen, veranlaßt ihn, die Fallbewegung zu verlangsamen, indem er Kugeln auf langen schiefen Ebenen (Fallrinnen)
herabrollen läßt. *Galilei* ging dabei von dem Gedanken aus, daß
mit der Bewegung auf der geneigten Ebene zwar die Geschwindigkeit der Kugel aber nicht die Form des Anwachsens der Fall-
strecken in der Abhängigkeit von t geändert würde. Markiert

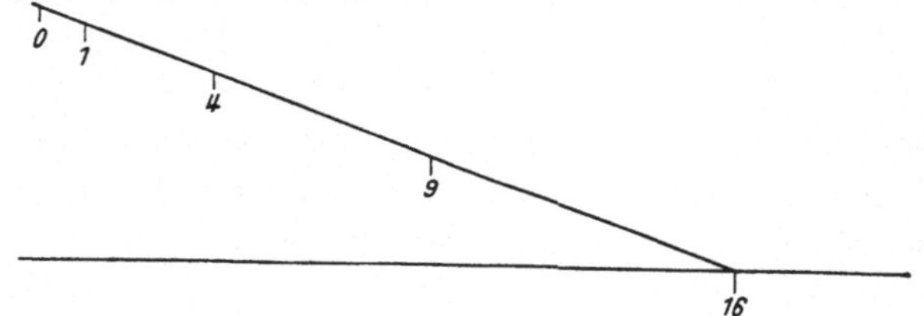

Abb. 17. Zur Bewegung in einer Fallrinne.

man vom oberen Ende einer solchen Fallrinne aus Strecken, die
im Verhältnis $1:4:9:16 \ldots$ stehen (Abb. 17), so müssen bei
einer gleichförmigen Beschleunigung die aufeinanderfolgenden
Marken nach Zeiten passiert werden, die im Verhältnis $1:2:3:4 \ldots$
stehen, was sich bestätigte und zwar für beliebige Neigungen,
soweit diese noch eine Zeitmessung zuließen. Der freie, senkrechte Fall entspricht offensichtlich einer Bewegung in einer Fallrinne mit dem Grenzwinkel 90°. Wenn *Galilei* die Bewegung nur
für kleinere Neigungswinkel prüfen kann, das Resultat aber auch
für den Grenzwinkel 90° als gültig betrachtet, so macht er dabei
Gebrauch von einem sehr natürlichen, unmittelbar einleuchtenden
Gedanken, dem Prinzip der Kontinuität .Es ist nicht einzusehen,
weshalb der Winkel 90° aus dem Gültigkeitsumfang der Regel
auszuschließen ist.

Unter Verwendung dieses Prinzips gelangt *Galilei* auch zur
Konzeption des *Gesetzes* der *Trägheit* oder der Beharrung in der
Bewegung. Er betrachtet das Aufsteigen einer rollenden Kugel
auf geneigten Ebenen *BC*, *BD*, *BE* usw., die vorher aus einer

Höhe h auf einer geneigten Ebene AA' herabgeglitten ist (siehe Abb. 18). Es zeigt sich, daß die Kugel auf allen Ebenen wieder bis zur Höhe h hinaufsteigt, und die Bewegung sich beim Aufsteigen stetig bis zur Geschwindigkeit Null am Ende der Ebene in der Höhe h verzögert. Je mehr sich die Ebenen der Horizontalen BH nähern, desto geringer ist die Verzögerung über eine bestimmte Länge. *Galilei* schließt nun, daß mit dem Verschwinden der Neigung in der Horizontalen auch die Verzögerung überhaupt verschwindet, natürlich abgesehen von Reibung und Luftwiderstand. Abgesehen von diesen letztgenannten Einflüssen wird also die herabgeglittene Kugel auf der Horizontalen den Bewegungs-

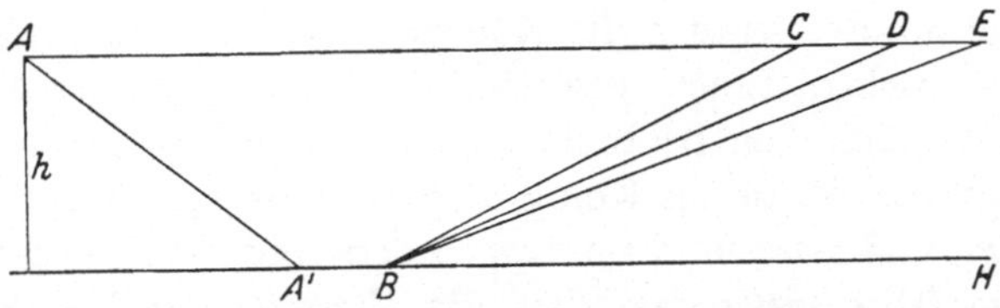

Abb. 18. Zum Galileischen Nachweis des Trägheitsgesetzes für die horizontale, reibungslose Bewegung.

zustand nach Richtung und Geschwindigkeit, den sie im Punkte B besitzt, unverändert beibehalten. Ohne weitere Beeinflussung verharrt die Kugel in der einmal erlangten Bewegung, dem Einfluß der Schwerkraft ist dieselbe durch die feste Unterlage entzogen.

Galilei hat das Trägheitsgesetz nicht besonders und ausdrücklich formuliert. Anders *Galileis* Nachfolger in der Dynamik, *Huygens* und *Newton*, die es mit Betonung als ein Fundamentalgesetz an die Spitze ihrer Diskussionen stellen. Der Physiker *E. Mach* hat mit Recht vor 50 Jahren darauf aufmerksam gemacht, daß das Trägheitsgesetz schon in der Behauptung enthalten ist, daß Kräfte Beschleunigungen bestimmen. Ist diese Aussage geprüft und akzeptiert, so ist damit auch schon die Erkenntnis gewonnen, daß die Abwesenheit von Kräften den Bewegungszustand eines Körpers unverändert läßt.

Die große Fruchtbarkeit der Galileischen Forschung ergab sich daraus, daß er bevorzugt nach dem „Wie" der verschiedenen Bewegungsvorgänge fragt und die „Gründe" etwas zurückstellt. In Bezug auf das Zustandekommen der Beschleunigung in der

Fallbewegung konnte er übrigens schon auf Vorstellungen zurückgreifen, die ein Vorgänger von ihm in der Dynamik entwickelt hatte. *Benedetti* (1530—1590) faßte die Fallbewegung schon auf als eine Summation dauernd wirkender Schwereimpulse während der Fallzeit, und ebenso die Steigerung der Geschwindigkeit eines abgeschleuderten Steines in einer Schleuder als hervorgerufen durch eine Anhäufung von Stößen oder Impulsen.

4. Die Kometen in der Zeit von Kopernikus bis Kepler und Galilei

Im Mittelalter wurden die Kometen zwar sehr beachtet aber nicht beobachtet. Einen entscheidenden Schritt zu einer wissenschaftlich nützlichen Beobachtung tat in Deutschland im Jahre 1472 *Johannes Müller* aus Königsberg in Franken, genannt *Regiomontanus*, und zwar in Nürnberg, in derselben Stadt, in welcher etwa 70 Jahre später das Werk des *Kopernikus* im Druck veröffentlicht wurde. *Regiomontanus*, ein sehr früh reifer und sehr regsamer Geist, hielt sich bereits in jungen Jahren längere Zeit in Italien auf, wo er Manuskripte griechischer Autoren sammelte und selbst die griechische Sprache erlernte. Er gehört zu den Männern, die wesentlich zu dem Aufblühen der Renaissancekultur in der Stadt Nürnberg beigetragen haben. In Nürnberg fand er einen begeisterten astronomischen Schüler in dem reichen Patrizier *Bernhard Walter*, der aus eigenen Mitteln für sich und seinen Lehrer eine Sternwarte einrichtete, die mit kostspieligen und schön verzierten Instrumenten ausgestattet war. Durch diese beiden Personen wurde Nürnberg plötzlich das Zentrum der mathematischen und astronomischen Bildung in Deutschland.

In den ältesten Zeiten wurden die scheinbaren Entfernungen am Himmel einfach abgeschätzt und in Monddurchmessern angegeben. Der nächste Schritt war wahrscheinlich die Benutzung eines einem Zirkel ähnlichen Instrumentes, womit man dann die in einer beliebig gewählten Einheit — etwa wiederum dem Monddurchmesser oder der Distanz zweier bekannter Fixsterne — gemessenen Größen etwas genauer bestimmen konnte. In seiner Schrift über den Kometen von 1472 beschreibt *Regiomontanus*

eine Vorrichtung, die er zur Messung des Durchmessers eines
Kometenkopfes aber auch der Schweiflänge sowie auch der Distanzen von Fixsternen benutzte. Zur Konstruktion (siehe Abb. 19)
macht er folgende Angaben: „Um den scheinbaren Durchmesser
eines Kometen zu bestimmen, nehme man einen glatten Stab AB
von fünf oder sechs Ellen Länge und teile ihn von A aus in gleiche
Teile, je mehr desto besser, befestige an ihm unter rechtem Winkel
und verschiebbar einen Querstab CD, dessen beide Arme gleich
lang sein müssen, teile ihn genau in eben solche Teile, wie sie
auf dem Stabe AB eingeschnitten sind, befestige in den Punkten
A, C und D drei Visiernadeln
und das Instrument ist fer-
tig.“ Die Beobachtung ge-
schah so, daß man mit dem
Auge an den Punkt A ging,
den Stab DC in die Richtung
der Distanzpunkte legte und
denselben solange verschob,
bis man über AC und AD

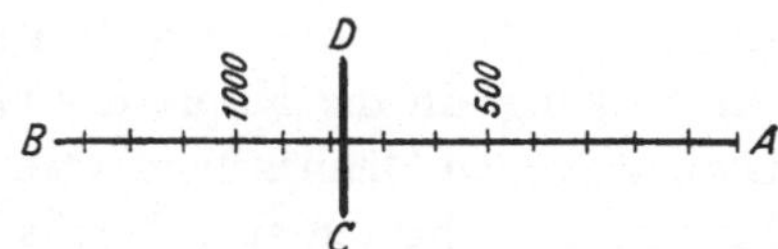

Abb. 19. Gerät des *Regiomontanus*
zur Messung von Winkelabständen
am Himmel.

die Punkte anvisierte. Im Prinzip ist dieses Instrumentchen identisch mit dem sogenannten Jakobsstab, der schon lange bekannt
war und in dem man die Visierlinien AB und AC benutzt. Aus
den Längen DC und CA wurden dann mit Hilfe von Tangenten-
tafeln die Winkel bestimmt.

Den Kometen 1472 fand *Regiomontanus* am 13. Januar im Sternbild der Jungfrau und er bestimmte in mehreren Nächten dessen
Winkelabstände von benachbarten helleren Sternen, desgleichen
Kopfdurchmesser und Schweiflänge. Die Bewegung in den Kon-
stellationen war zuerst langsam, wuchs aber dann rasch an und
erreichte am 21. Januar in einem Tage den selten auftretenden
Betrag von 40 Bogengraden.

In der Anlage systematischer Himmelsbeobachtungen hatte
Regiomontanus allerdings doch schon zumindest zwei Vorgänger.
Zeitlich ist an erster Stelle der Florentiner *Paolo dal Pozzo Tos-
canelli* zu nennen (geb. 1397 in Florenz), welcher — sehr viel-
seitig — sowohl bekannt war als Humanist, Arzt, Mathematiker,
Astronom und Geograph. Die Kometenbeobachtungen des
Toscanelli, die sich auf nicht weniger als fünf verschiedene

Erscheinungen (1433, 1449, 1456, 1457, 1472) beziehen, wurden erst in der Mitte des vorigen Jahrhunderts aufgefunden. Es sind in Sternkarten eingezeichnete scheinbare Bahnen. Von dem Anfang dieses Unternehmens hat wahrscheinlich der Wiener kaiserliche Astronom *Georg von Peuerbach* (1423—1461), Kunde erhalten, der in den Jahren 1451—1454 nach Italien kam. *Peuerbach* war der Lehrer des *Regiomontanus* und von dem ersteren stammen sehr wahrscheinlich die in Wien aufgefundenen Beobachtungen des Kometen 1456.

Das Jahrhundert von *Toscanelli, Peuerbach* und *Regiomontanus* bedeutet noch die Periode der Aneignung des alten antiken Wissens in der Astronomie, von dem bis dahin nur die allerelementarsten Dinge in die Köpfe der Gelehrten eingegangen waren. Diese regsamen Männer begnügten sich allerdings nicht mit einer Lektüre, sie schritten auch bereits zu einer Nachprüfung. *Peuerbach* und *Regiomontanus* erkannten schon zur Zeit ihres gemeinsamen Studiums der ptolemäischen Schriften, was einem Fortschritt der astronomischen Wissenschaft nottue: zunächst eine genauere Bestimmung der Kardinalpunkte des Tierkreises (siehe Ziffer 5) und genauere Ortsangaben von helleren Fixsternen, mit denen die veränderlichen Positionen der Planeten und Kometen verglichen werden konnten. Es war nicht zu erwarten, die Planetenörter besser bestimmen zu können, so lange nicht eine bessere Kenntnis der Fixsternörter erreicht war.

Die Längen- und Richtungsbestimmung der Kometenschweife führte sehr bald zu der Entdeckung einer allgemeinen Eigenschaft der Schweife: Vom Kometenkopf gesehen weisen diese stets in eine Richtung, die der zur Sonne entgegengesetzt ist (vergleiche Abb. 4). Festgestellt wurde dies etwa gleichzeitig von *Peter Bienewitz* genannt *Apianus* in Deutschland und von *Girolamo Fracastoro* in Italien. Die Lebenszeit dieser Forscher und Lehrer fällt schon mit der des *Kopernicus* zusammen.

Tycho Brahe gebührt das Verdienst, eine erste sichere Entscheidung über die räumliche Einordnung der Kometen im Kosmos herbeigeführt zu haben. Er bewies, daß sie nicht der irdischen, sublunaren Sphäre sondern den „himmlischen Regionen" angehören. Diese wichtige Tat knüpft an den Kometen des Jahres 1577 an, den *Tycho Brahe* auf der Insel Hven in Dänemark beobachtete. Der Komet muß recht hell gewesen sein, da er von *Tycho Brahe* am 13. November bereits in der Abenddämmerung am Westhimmel bemerkt wurde. Der Schweif wurde allerdings erst nach Eintritt der Dunkelheit erkennbar.

Wird ein von der Erde nicht zu entfernter Körper zu gleicher Zeit von zwei weiter auseinander liegenden Stellen der Erde in seiner Projektion auf den Sternenhimmel beobachtet, so muß derselbe eine Parallaxe zeigen (siehe Abb. 20), die Positionen des Körpers werden weniger oder mehr gegeneinander verschoben sein. Ein

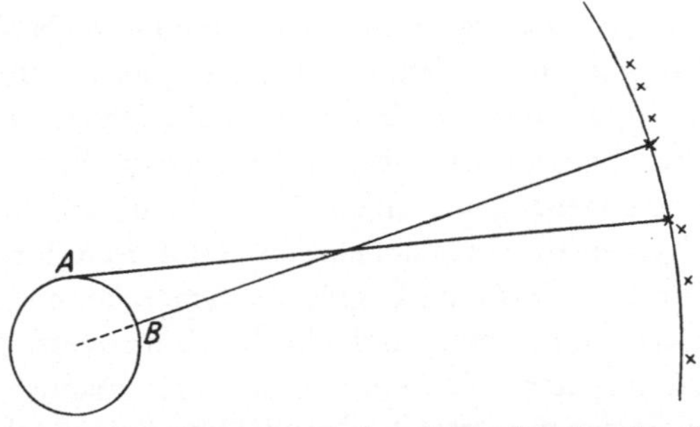

Abb. 20. Steht in dem Kreuzungspunkte der beiden Geraden der Figur ein Körper (Mond, Komet, Planet) so wird dieser in der Projektion von *A* und *B* aus an verschiedenen Stellen der Himmelskugel gesehen.

gleicher Effekt ergibt sich auch, falls die Anvisierungen zwar von demselben Orte, aber in einem größeren zeitlichen Abstande gemacht werden. *Tychos* eigene Beobachtungen sowie auch ein Vergleich mit den von anderen angestellten ergaben eben keine meßbare Parallaxe für den Kometen, woraus *Tycho* den Schluß zog, daß der Komet sich weit außerhalb der Mondbahn aufgehalten haben mußte. Damit war die Ansicht von einem irdischen Ursprung der Kometen widerlegt.

Um den Meinungen älterer Autoren gerecht zu werden, muß erwähnt werden, daß die Aristotelische Auffassung schon im Altertum nicht ohne Widerspruch geblieben ist. Der römische Schriftsteller *Seneca* († 65 n. Chr.), der sich in den letzten Jahrzehnten seines Lebens sehr mit Naturforschung und Astronomie beschäftigte, widmet in seinem Werk den Kometen ein ganzes Buch, das immerhin etwa fünfzig Druckseiten umfaßt und uns einiges mehr mitteilt, als in den Schriften des *Aristoteles* und *Ptolemäus* zu finden ist. Wahrscheinlich sind einige Quellen, aus denen *Seneca* sein Wissen nimmt, später verloren gegangen. Der berühmte Autor vertritt in seinem Werkchen deutlich und bestimmt die Meinung, daß die Kometen permanente Himmelskörper sind, und er polemisiert heftig gegen die Anhänger der Ansicht des *Aristoteles*. Einen überzeugenden Beweis bleibt er selbstverständlich schuldig. Der Wert seines Werkchens liegt darin, daß er uns mit zahlreichen alten Kometenerscheinungen — und dem daran gebundenen profunden römischen Aberglauben bekannt macht.

Kometen wurden das ganze Mittelalter hindurch als Vorboten von Unheil angesehen. Im Jahre 1618 waren gleichzeitig drei erschienen, darunter einer von besonders auffallender Helligkeit, der es mit sich brachte, daß überall die Fachkundigen um eine Stellungnahme angegangen wurden. Wenn auch freilich nicht im Sinne des allgemeinen Aberglaubens, so knüpft sich doch an diesen für den großen *Galilei* der Beginn der Tragödie seines Alters. Derselbe brachte ihn in eine unglückliche Kontroverse mit dem gelehrten Jesuitenpater *Grassi* vom Collegium Romanum, die von beiden Seiten in einem bitteren und schließlich äußerst feindlichen und verletzenden Tone ausgetragen wurde. *Galilei* verscherzte sich mit seinen leidenschaftlichen und persönlichen Angriffen die Sympathien jener Männer, die auf die Entscheidungen der mächtigen Kongregationen des Index und der Inquisition einen maßgeblichen Einfluß ausübten. In der Sache selbst, um die es dem Thema nach eigentlich ging, nämlich der Frage nach der physischen Natur der Kometen, hatte der große Naturforscher diesmal durchaus unrecht. Sich über *Tycho Brahes* Parallaxenbestimmung hinwegsetzend verteidigt er in geschickter Dialektik die alte Anschauung, daß die Kometen als hoch über die Erde hinaussteigende Erddünste aufzufassen seien und ihre Gestalt durch besondere Beleuchtungseffekte des Sonnenlichtes zustande kämen, während sein Gegner mit zum Teil guten Gründen sie als wirkliche Himmelskörper beschreibt. Wenn es *Galilei* trotzdem gelingt, die Mehrzahl der Interessierten auf seine Seite zu ziehen, so hat das andere Gründe als eine einleuchtende Begründung seines Standpunktes. In der Hauptschrift zu diesem Thema (Il Saggiatore, der Goldwäger) berührt er fast die ganze Mannigfaltigkeit der

Naturforschung seiner Tage und zwar in meisterhafter, anziehender Darstellung. Sie zeigt ihn als den großen Führer in der neuen Wissenschaft, seinen Zeitgenossen erschien seine Schrift schlechthin als ein bedeutendes Werk. In der zur Diskussion stehenden Frage siegte einfach seine anerkannte Autorität. Nicht zu überzeugen war jedoch *Kepler*, der *Tycho Brahes* Ergebnis richtig zu beurteilen vermochte und wußte, daß man die Kometen als wirkliche Weltkörper anzusehen hatte. Für ihn stand dies schon seit dreißig Jahren fest. Er schrieb eine „Ährenlese zum Saggiatore", worin *Brahe* verteidigt wurde und außerdem einige weitere Irrtümer im Saggiatore eine Richtigstellung erfuhren. *Kepler* hatte ebenfalls die Kometen des Jahres 1618 beobachtet und darüber eine kleine Schrift publiziert. Darin bestätigte er die Entdeckung von *Apianus* und *Fracastoro* über die Richtung der Schweife, macht sich weiterhin aber auch schon Gedanken über die räumlichen, heliozentrischen Bahnen ohne allerdings mit den vorhandenen Beobachtungen zu einem klaren Ergebnis zu kommen.

5. Koordinaten für die scheinbaren und wahren Örter der Planeten und Kometen

Die beiden Punkte, die bei der scheinbaren täglichen Umdrehung des ganzen Himmels in vollkommener Ruhe bleiben, heißen die Himmelspole. Sie sind die Durchstoßungspunkte der verlängert gedachten Erdachse durch die scheinbare Himmelskugel. Für die Bewohner der Nordhalbkugel ist natürlich nur die Umgebung des nördlichen Himmelspols sichtbar, der südliche Pol bleibt immer unter dem südlichen Horizont. Die Pole fallen nicht genau auf einen Stern, dem nördlichen ist der Polarstern ganz benachbart. Polnahe Sterne beschreiben im täglichen Umschwung kleine, einander parallele Kreise auf der Himmelskugel und bleiben damit ganz über dem Horizont (siehe Abb. 21), weiter vom Pol abstehende haben nur einen Teil des Kreisbogens über dem Horizont, die dem Südpol nahe liegenden bleiben ganz unsichtbar. Dort, wo der Winkelabstand vom Pol 90° beträgt, sind beide Teilbögen gleich, es ist dies der *Himmelsäquator*. Himmelspole und Himmelsäquator liegen an der Sphäre (Himmelskugel) für alle

Beobachtungsorte der Erde an derselben Stelle, da die Erde gegen
die Sternentfernungen auf einen Punkt zusammenschrumpft. Die
Polhöhe variiert mit der geographischen Breite des Beobachtungs-
ortes. Der Winkel der geographischen Breite ist gleich dem Winkel der Polhöhe, am Erdäquator also gleich Null und am geographischen Erdpol gleich 90°.

Pole und Äquator definieren ein *sphärisches Koordinatensystem*
(siehe Abb. 22), da man sich die Fixsterne auf der an und für sich
fiktiven Himmelskugel fest-
geheftet denken kann, die somit ein starres Gerüst von
zahlreichen Punkten darstellt.
Ein Punkt auf einer Kugel
kann durch zwei *Koordinaten*
eindeutig festgelegt werden,
wenn für jede der zwei Koordinaten der Nullwert fest-
liegt. Jeder Stern liegt einmal
auf einem bestimmten Parallel-
kreis (parallel dem Himmelsäquator) und auf einem bestimmten *Deklinationskreis*
(Nordpol-Stern-Südpol). Die
Lagen dieser Kreise lassen sich nur durch Winkelgrößen numerisch
festlegen. Für die Zählung der Höhen der Parallelkreise ist automa-
tisch der Äquator als Nullage gegeben: Die *Deklination* δ ist gleich
dem Winkel AES. δ läuft von 0° bis 90° nördlich und 0° bis 90°
südlich. Anstatt δ läßt sich auch die Poldistanz 90-δ benutzen. Für
die Nullage der von Pol zu Pol laufenden Deklinationskreise muß
ein Übereinkommen getroffen werden, da für diese sich direkt
keiner von den anderen auszeichnet. Hier wählt man den Kreis,
welcher durch den Äquatorpunkt geht, der am 21. März von der
Sonne eingenommen wird. Er wird als Frühlingspunkt bezeichnet. Der Stern S der Abb. 22 hat also als zweite Koordinate
den Winkel FEA, und diese Koordinate (genannt *Rektaszension*)
läuft allgemein von 0° bis 360° und wird nach Osten gezählt,
entgegengesetzt der Richtung, wie sich das Himmelsgewölbe
für uns dreht.

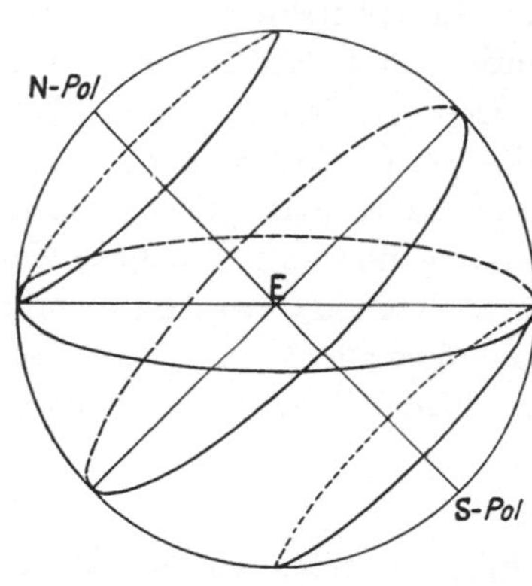

Abb. 21.
Himmelspole und Himmelsäquator.

Es steht fest, daß dieses gerade beschriebene Koordinatensystem schon von *Hipparch* (190—125 v. Chr.) und *Ptolemäus*
benutzt wurde. Hipparch ist auch derjenige, welcher zuerst feststellte, daß der Frühlingspunkt F nicht feststeht, sondern sich
Jahr für Jahr etwas verschiebt. F ist der Schnittpunkt des Äquators mit der Ekliptik, der jährlichen scheinbaren Bahn der Sonne
am Sternhimmel (siehe Abb. 23). Die in einem schmalen Gürtel
zu beiden Seiten der scheinbaren Sonnenbahn gelagerten Sternbilder bezeichnet man nach
uralter Überlieferung bekannt-
lich als den Tierkreis oder
Zodiakus. *Hipparch* unter-
teilte den Zodiakus in zwölf
gleiche Abschnitte von je 30°
und gab diesen die Namen der
nächstgelegenen Sternbilder.

Indem *Hipparchus* seine
eigenen Beobachtungen mit
denen früherer Astronomen
verglich, fand er, daß der
Stern Spica im Tierkreis etwa
6° westlich des Herbst-Tag-
und-Nachtgleichenpunktes

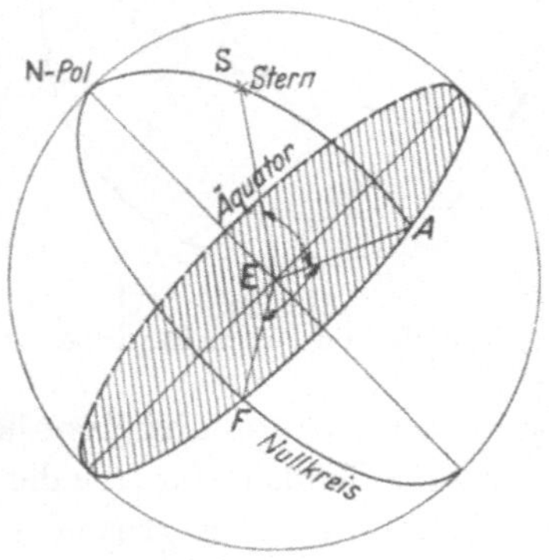

Abb. 22.
Rektaszension und Deklination.

stand, während Vorgänger von ihm 150—200 Jahre früher dafür 8°
angegeben hatten. Darauf aufmerksam geworden, hat man später
diese Verschiebung ständig bestimmt, wobei sich zeigte, daß sie im
Jahrhundert nicht ganz, aber nahezu 1° beträgt und daß sie auf einer
Verschiebung des Himmelsäquators oder was dasselbe besagt, einer
kleinen aber stetigen Änderung der Richtung der Himmelspole beruht. Die Position der Ekliptik liegt demgegenüber wenn auch nicht
absolut aber vergleichsweise fest. Nach der Kopernikanischen Lehre
sind die Himmelspole aber ganz fiktiv und ihre Verbindung nichts
anderes als die Richtung der Rotationsachse der Erde. Das Vorrük-
ken der Tag- und Nachtgleichen muß also durch eine langsame Verlagerung dieser Achsenrichtung bedingt sein. Ihre Erklärung ergab
sich erst Ende des 17. Jahrhunderts mit der Newtonschen Gravitationslehre. Das Phänomen besteht in Wahrheit darin, daß der Himmelspol den Pol der Ekliptik in langsamer Bewegung umkreist.

In den Zeiten *Hipparchs* war der Himmelspol noch um 12^0 vom heutigen Polarstern entfernt, um 2100 wird er sich ihm auf $28'$ genähert haben, um sich dann wieder von ihm zu entfernen.

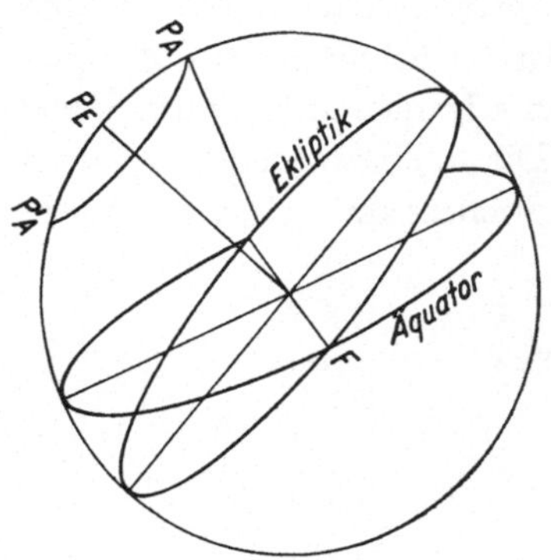

Abb. 23.
Ekliptik und Himmelsäquator.

Das gerade beschriebene Koordinatensystem kann nur dazu dienen, den scheinbaren Ort eines Gestirnes festzulegen. Zur Bestimmung eines wahren räumlichen Ortes eines Kometen oder Planeten benötigt man ein anderes. Das gebräuchlichste ist das sogenannte heliozentrische System (vgl. Abb. 24). In diesem wird der momentane Ort in bezug auf die Sonne angegeben, und dieser liegt eindeutig fest durch bestimmte numerische Werte von drei Koordinaten: einer Länge oder Distanz und zweier Winkel. Für jede der drei Koordinaten benötigt man natürlich wieder einen genau definierten „Nullpunkt". Ist in der Abb. 24 der Punkt K die räumliche Lage eines Kometen (zu einem bestimmten Zeitpunkt), so schlage man um das Sonnenzentrum S eine Kugel mit dem Radius r. r, die erste Koordinate, ist der Abstand des Kometen von der Sonne, die Sonne selbst hat also die r Koordinate Null (Sonnenmittelpunkt). Die durch den Kreis AB und Sonne S definierte Kreisfläche falle in die Ebene der Ekliptik und die Ver-

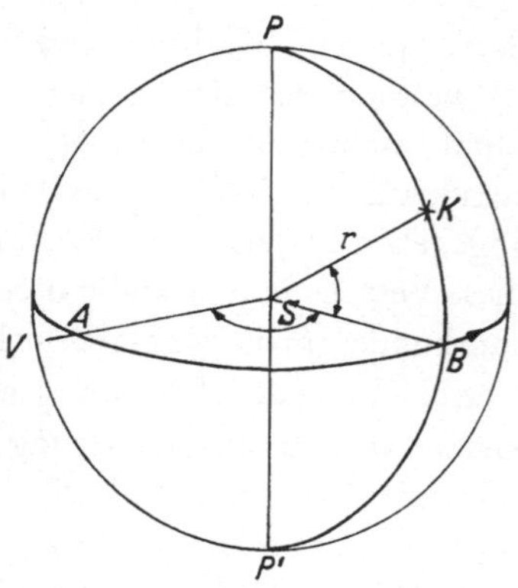

Abb. 24.
Die heliozentrischen Koordinaten.

längerung der Geraden SA über A hinaus ziele auf den Frühlingspunkt ♈. PBP' sei ein Kreis, der auf der Kugel mit dem Radius r liege und durch den Kometenort K gehe. Der Punkt K ist dann in diesem Koordinatensystem festgelegt, wenn ich die Werte der

Winkel ASB und BSK kenne. ASB heißt die heliozentrische Länge und BSK die heliozentrische Breite, erstere zählt wieder von 0⁰ bis 360⁰, die letztere von 0⁰ bis 90⁰ nördlich und südlich.

6. Die Entdeckung der allgemeinen Gravitation (Newton)

Im Verlaufe des 17. Jahrhunderts verlagern sich die Zentren der naturwissenschaftlichen Forschung in Europa mehr nach dem Westen, nach Frankreich, Holland und vor allem England. In den beiden letztgenannten Ländern stieß die Verbreitung der Schriften von *Kopernikus*, *Kepler* und *Galilei* auf den geringsten Widerstand und diese konnten dort in der Mitte des Jahrhunderts anscheinend bereits vollkommen frei diskutiert werden. Sie erfuhren dann auch bei der Mehrzahl der Gelehrten um diese Zeit schon dir richtige Einschätzung, anders als in den ausgesprochen katholischen Ländern, wo das Verbot der Kirche die Entwicklung stark behinderte. Für das entstehende Vakuum in Deutschland war in erster Linie die allgemeine soziale und kulturelle Zerrüttung durch den Dreißigjährigen Krieg verantwortlich. *Kepler* war nicht dazu gekommen, eine Schule zu begründen, da ihm infolge seiner Kompromißlosigkeit in dem Widerstreit zwischen Wissenschaft und den Lehrmeinungen beider christlichen Kirchen nie ein Lehrstuhl eingeräumt wurde.

Bevor *Newton* auftauchte, sahen die Kopernikaner eine Fortentwickelung der Theorie des Kosmos über *Kepler* hinaus in einer Hypothese des französischen Philosophen und Mathematikers *R. Descartes* (1596—1650), die dieser 1637 (ausführlicher 1644) vorbrachte. Neu war an derselben jedenfalls, daß sie eine Erklärung des Systems der Sonne und Planeten auf rein physikalisch-mechanischer Grundlage anstrebte ohne irgendwelche scholastische Reminiszenzen. Nach *Descartes (Cartesius)* ist die Sonne von einem „Wirbel" umgeben, der die Sonne selbst in 26 Tagen und die entfernteren Körper um so langsamer herumführt, je weiter diese von der Sonne abstehen, so die Erde in einem Jahr, Saturn in 30 Jahren. Die Planeten besitzen einzeln wieder sekundäre Wirbel für ihre Eigenrotation und die Bewegung der Monde. Es lohnt sich nicht, das Bild weiter auszuführen, die Wirbeltheorie hat das Ende des Jahrhunderts nicht überstanden und wurde durch *Newtons* Gravitationslehre erledigt. Wenn auch als Physiker und Astronom fehlgreifend so hat *Descartes* anderseits der allgemeinen Entwicklung der Wissenschaften den stärksten Impuls mitgeteilt. Man kann ihn als den *Galilei* der europäischen Philosophie oder besser der modernen Erkenntnistheorie bezeichnen. Von ihm stammt die Formulierung fester Regeln für die wissenschftliche Beweisführung und er begründet damit das „Vertrauen in die Vernunft" als den sicheren Weg zur Erkenntnis. Als wahr hat nach ihm nur das zu gelten, was sich klar und deutlich durch die Vernunft erfassen läßt. Dieser Rationalismus wird zu seiner Zeit zunächst gar nicht allgemein als ein Feind der Religiösität und des Christentums empfunden, obwohl derselbe die Scholastik endgültig zur Strecke brachte. Unter den Theologen kommt der Glaube auf, daß die neue, gereinigte Denkmethode, auf das Leben und die kirchlichen Lehren angewandt, die Wahrheit der letzteren nur stärker unter Beweis stellen könne. Ein halbes Jahrhundert später mußten sie jedoch erleben, was einige Einsichtigere hatten kommen sehen, daß die cartesianische Kritik vor nichts Halt machte, auch nicht vor der Heiligen Schrift und dem Wunderglauben, die bisher jenseits der Regeln der Vernunft gestanden hatten.

Der Faden, der in den Naturwissenschaften in der Vergangenheit von *Kopernikus, Kepler* und *Galilei* gesponnen, wird erst von *Newton* wieder aufgenommen. *Descartes* hatte geglaubt, mit den Prinzipien der Erkenntnis ohne weiteres auch zu den Prinzipien der Naturerscheinungen gelangen zu können. Den Tatsachen der Erfahrung schenkt er geringere Aufmerksamkeit. Bei *Newton* treffen wir wieder wie bei *Galilei* auf eine instinktive Abneigung gegen alle vorweggenommenen allgemeinen Hypothesen: „Alles jedoch, *was nicht aus den Erscheinungen gefolgert wird*, muß Hypothese genannt werden; für metaphysische, physikalische und mechanische Hypothesen sowie verborgene Eigenschaften ist kein Platz in der Experimentalphilosophie". *Newton* schwebt vor, eine Physik nach dem Muster der Geometrie aufzubauen. Die Prinzipien sind die Axiome der Physik, sie sind einzig nur durch die Erfahrung und das Experiment aufweisbar, sie sind verallgemeinerte Tatsachen. Die elementaren Tatsachen aber, um die es sich hier handelt, liegen nicht offen zutage, sie sind von der Natur mit einem dichten Schleier umgeben und nur einem angestrengten Scharfsinn gelingt es, diesen zu durchdringen.

Die Leistungen *Newtons*, soweit sie uns hier interessieren, waren zweifacher Art. An erster Stelle ist zu nennen die Entdeckung der Existenz der *allgemeinen Gravitation*. Er bewies, daß die Schwerkraft, die alle nicht durch eine Unterlage gestützten Gegenstände zu Boden zieht, auch auf Körper außerhalb der Erdatmosphäre ihre Wirkung ausübt und identisch ist mit der Kraft, die den Mond in seiner Bahn um die Erde und die Planeten in ihren Keplerbahnen um die Sonne hält. Sein zweites Verdienst betrifft die Weiterentwicklung der Mechanik in der von *Galilei* vorgezeichneten Richtung. Es leistet darin folgendes: 1. Eine Verallgemeinerung des Begriffes der Kraft. 2. Die Unterscheidung von Masse und Gewicht. 3. Die allgemeine Konzeption der Idee des Kräfteparallelogramms und 4. Die Aufstellung des Prinzips der Gleichheit von Wirkung und Gegenwirkung.

Um die Zeit, als *Newton* sich mit den Aufgaben zu beschäftigen begann, die schließlich zur Gravitationsidee führten, zeigten sich schon bei den verschiedensten Autoren Gedanken und Bestrebungen, die zu der neuen Entdeckung hindrängten. Offensichtlich hatte *Kepler* mit der Aufstellung seiner empirischen Gesetze „die zu lösende Aufgabe" gestellt und in den Prinzipien Galileis war angedeutet, in welcher Richtung die Lösung durchgeführt werden mußte.

Der spekulative *Kepler* beschäftigt sich bereits in seinem ersten Hauptwerk, Astronomia Nova, mit der Schwerkraft. Die Aristotelische Vorstellung von der absoluten Leichtigkeit einiger (in der Atmospäre aufsteigender) Stoffe ist nach *Kepler* einfach falsch, keine Materie hat für sich das Bestreben, sich von der Erde zu entfernen. Die Erde zieht den Stein an und wäre die Erde nicht rund, so bewegten sich die fallenden Körper nicht in Richtung auf den Mittelpunkt sondern nach der Richtung der größeren Massenanhäufung. Erde und Mond würden sich vereinigen, wenn nicht ein Umschwung sie in der Vereinigung hindere. Die Anziehungskraft, welche der Mond auf den Erdkörper ausübt, wird deutlich am Meerwasser bemerkbar. Dieses würde sich gänzlich zum Monde hinbewegen, wenn die Erde es nicht zurückhielte.

So bildet sich dem Mond gegenüber nur ein Wasserberg und dieser erzeugt die Meeresflut.

Newton bezeichnet in seinen Prinzipien den Italiener *Borelli* und seinen Landsmann *Hooke* als seine Vorgänger. *Borelli* und *Hooke* hatten wirklich rein vorstellungsmäßig bereits die richtige Auffassung von dem Zustandekommen der „krummlinien" Bewegung der Planeten. Beim Nachdenken über die Bewegung der Planeten und der Trabanten des Jupiters gelangt *Borelli* zu dem Schluß, daß in den Planeten ein Drang nach einer Vereinigung mit dem Zentralkörper vorliege. Anderseits begleite die Bewegung an sich aber ebenfalls ein Bestreben, sich tangential aus der Bahn herauszubewegen. Um dies letztere zu belegen wird an die Wirkungsweise einer Schleuder erinnert: der Stein entfernt sich aus dem Beutel in der Richtung, welche dessen Schleuderbewegung im Moment der Befreiung inne hatte. Eine nach diesen Vorstellungen angesetzte Analyse der krummlinien Planetenbewegung schreibt also dem Planetenkörper zwei „Tendenzen" zu, erstens eine Beharrung in der momentanen Geschwindigkeit und Geschwindigkeitsrichtung und zweitens den Drang zu einer Bewegung auf den Zentralkörper zu. Die erste für sich allein würde den Abstand vom Bewegungszentrum vergrößern, sie wirkt zentrifugal, die andere umgekehrt verkleinern, ist also als zentripedal zu bezeichnen. Die weitere Entwicklung der Bewegung, ob eine Annäherung oder Entfernung vom Zentralkörper stattfindet, hängt davon ab, welche Tendenz die stärkere ist. Hebt die eine die andere aber gerade auf, so wird sich der Abstand vom Zentrum nicht ändern, es resultiert eine Kreisbewegung. Die elliptische Planetenbewegung möchte *Borelli* als ein „Pendeln" um die ein Gleichgewicht darstellende Kreisbewegung aufgefaßt wissen.

Zu etwa derselben Zeit sprach in England dasselbe wie *Borelli* der Physiker *Robert Hooke* aus. Es ist ihm klar, daß alle Körper, die einmal einen Stoß erhalten haben, in der Bewegung mit gleichbleibender Geschwindigkeit und geradlinig fortschreiten, bis sie durch eine neue Kraft abgelenkt und gezwungen werden, einen Kreis, eine Ellipse oder eine andere krummlinige Kurve zu beschreiben. Mit Bezug auf die Planeten sieht er in der ablenkenden Kraft die allen himmlischen Körpern anhaftende Gravitation, und ganz richtig wird von ihm ausgesprochen, daß diese Kraft um so größer ist, je näher die Planeten an der Sonne stehen. Faßt man alles zusammen, was *Hooke* über die Planetenbewegung äußerte, so ergibt sich, daß er in allem die zutreffende Konzeption hatte. Jedoch muß man sagen, wirkliche Beweise wußte er nicht zu liefern, und daß ihm diese noch fehlten, äußert er auch in einer brieflichen Anfrage an *Newton*, dem er im Jahre 1679 schreibt: „Meinerseits hielte ich es für eine große Ehre, wenn Sie mir auf schriftlichem Wege Ihre Meinung über irgendeine meiner Hypothesen mitteilten, wenn Sie zum Beispiel mir Ihre Auffassung über die Zusammensetzung der Himmelsbewegungen der Planeten aus der direkten Bewegung auf der Tangente und der Anziehungsbewegung zum Zentralkörper bekannt gäben".

Galilei hatte gezeigt, und er war mit Recht sehr stolz darauf, daß der horizontal geworfene Stein eine geometrische Bahn beschreibt, die ein Stück einer Parabel darstellt. Auf den ersten Seiten des dritten Tages seiner „Discorsi" findet man den Satz: „Wohl hat man beobachtet, daß die Geschosse oder geworfene Körper irgendeine krumme Linie beschreiben, daß dieselbe aber eine Parabel ist, das hat bisher niemand kundgetan". In seinen dynamischen Untersuchungen richtet er als erster die Aufmerksamkeit auf die mathematische Form, auf die Maße und Maßverhältnisse: „Messen und meßbar machen was noch nicht meßbar ist." Die mathematische Erfassung der parabolischen Wurfbewegung ergab sich aus der Zerlegung der wahren Bewegung in zwei voneinander unabhängige Bewegungen nach zwei gleichbleibenden Richtungen. In dieser Form führt das Prinzip der Zerlegung und Zusammensetzung bei der Bewegung um einen Zentralkörper aber nicht zum Ziele, da die beiden Bewegungen nicht wie bei der Wurfbewegung voneinander unabhängig sind; unter ihrem gegenseitigen Einfluß erfolgt eine kontinuierliche Änderung sowohl der Trägheitsrichtung sowie der Richtung, in welcher die Gravitationskraft wirkt. Das ist aber nicht die einzige neue Komplikation, welche die Planetenbewegung mit sich bringt. Die „Galileische Schwere" war eine durchaus konstante Kraft, ihre Wirkungsform bestand in der Erzeugung einer Geschwindigkeit, die in derselben Zeit um denselben Betrag anwächst. In der Mechanik der Himmelskörper, wo die großen Räume ins

Spiel kommen, ist die Gravitationskraft mit der Distanz der Körper, also eigentlich von Punkt zu Punkt auf der Ellipse veränderlich.

Die Analyse der Zentralbewegung geschieht nach *Newton* in zwei getrennten Schritten. Man denkt sich die dauernd nach dem Zentrum wirkenden Gravitationsimpulse ersetzt durch getrennte Stöße, die in gleichen, kleinen Zeitintervallen $\triangle t$ aufeinanderfolgen. Hat im Punkte **a** der Körper eine Trägheitsbewegung, die ihn in der kleinen Zeit $\triangle t$ nach *b* bringen würde (siehe Abb. 25), erfolgt aber im Punkte *a* ein einmaliger kurzer Gravitationsstoß, der allein in der Zeit $\triangle t$ zu einer Bewegung nach *a'* führen würde, so bringt der unter Trägheitsbewegung und Impuls zustandekommende Weg den Körper nach *c*. Eine analoge Überlegung führt dann von *c* nach *e* und von *e* nach *g* usw. In dieser Stufe ist die wahre Kurve der Bewegung noch in grober Weise in eine Anzahl sich nur mangelhaft anschmiegender geradliniger Wegstücke zerhackt. Die Darstellung der stetig gekrümmten wirklichen Bahnkurve durch die geknickten

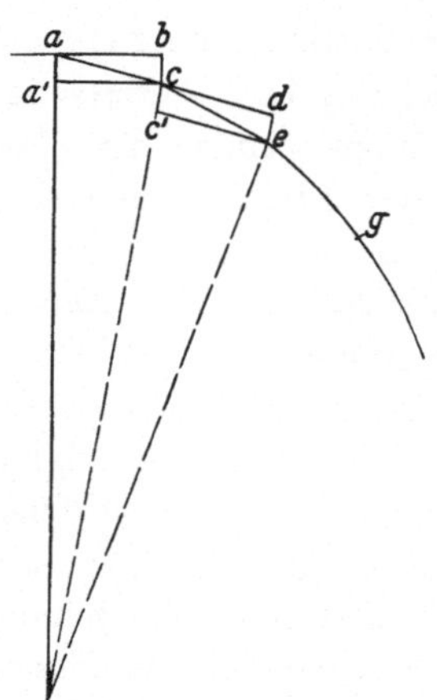

Abb. 25. Zur Analyse der krummlinigen Bewegung eines Körpers.

Linienzüge wird um so besser sein, je kleiner die einzelnen Linienelemente d. h. auch gleichzeitig, je kleiner die elementaren Zeitabschnitte $\triangle t$ werden. Gelingt es, die einzelnen Schritte und Gravitationsstöße für beliebig kleine Zeitelemente $\triangle t$ (unendliche kleine $\triangle t$ wie der mathematische Ausdruck lautet) darzustellen, so ist die Aufgabe gelöst. Das leistet die Infinitesimalrechnung, deren Grundlagen von *Newton* und etwa gleichzeitig mit ihm von *Leibniz* aufgefunden wurden. Um die mathematische Ableitung der Form einer Bahnkurve durchführen zu können ist einmal die Distanzabhängigkeit der Zentralkraft als bekannt vorauszusetzen und für einen Punkt der Bahn, für eine bestimmte Distanz muß Größe und Richtung der Beharrungsgeschwindigkeit (Tangentialgeschwindigkeit) gegeben sein.

Obwohl *Newton* in seinem Werk „Principia Mathematica Philosophiae Naturalis" (Die mathematischen Prinzipien der Naturphilosophie), in dem er — neben anderem — den Nachweis der

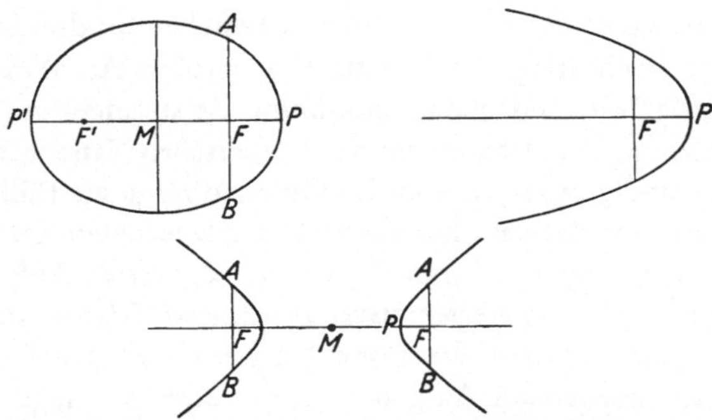

Abb. 26. Ellipse, Parabel und Hyperbel (die drei Kegelschnitte). Bei der Bewegung in diesen Kegelschnitten liegt der Zentralkörper in den Brennpunkten *F*. Handelt es sich bei dem Zentralkörper um die Sonne, so bezeichnet man die sonnennächsten Punkte *P* als das Perihel. Der sonnenfernste Punkt der Ellipse *P'* wird als Aphel bezeichnet.

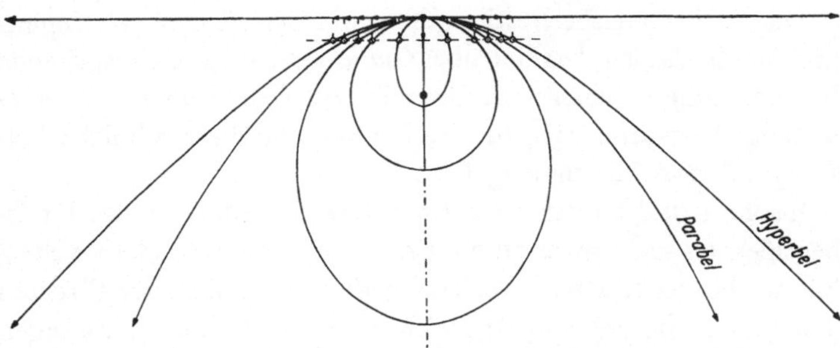

Abb. 27. Denken wir uns in der Umgebung eines massigen Körpers (Sonne) einen zweiten Köper weggeschleudert, so geht dieser bei kleinen Anfangsgeschwindigkeiten in eine Ellipsenbahn um den Hauptkörper über. Je mehr die Geschwindigkeit des Wurfes wächst, desto langgestreckter wird die Ellipse, bis sich schließlich dieselbe „öffnet" und in eine Parabel übergeht. Eine weitere Steigerung der Wurfgeschwindigkeit führt zu einer Hyperbelbahn.

allgemeinen Gravitation führt, das Prinzip der Infinitesimalmethode auseinandersetzt und zur gedanklichen Analyse der Zentralbewegung heranzieht und im Gang der Beweise auch benutzt, so kann jedoch von einer systematischen Anwendung der eigentlichen Infinitesimalrechnung nicht gesprochen werden. Die von *Newton* benutzte mathematische Methode ist im wesentlichen Geometrie und der Übergang zu den unendlich kleinen Zeitelementen $\triangle t$ wird in geometrischer Konstruktion vollzogen.

Die Prinzipien der Naturphilosophie bestehen aus drei Büchern. Das erste Buch bringt die Lösung einer großen Anzahl dynamischer Aufgaben, und deren Anordnung ist so angelegt, daß sie allmählich mit der Behandlung der Keplerschen Tatsachen zwingend auf die Gravitation und das Gravitationsgesetz führen und dieses dann von den verschiedensten Seiten beleuchten. Das Gravitationsgesetzt ergibt sich mit der Lösung der ersten Aufgabe des Abschnittes III: *Ein Körper bewegt sich in einer Ellipse; man sucht das Gesetz der nach ihrem Brennpunkt gerichteten Zentripetalkraft.* Die beiden anschließenden Aufgaben stellen dieselbe Frage für die zwei anderen Kegelschnitte: Hyperbel und Parabel (siehe Abb. 26 und 27). Bewegungen in diesen Kurven sind nach den Lösungen an eine quadratische Abnahme der Stärke der Anziehung mit dem Abstand r vom Gravitationszentrum gebunden, die Zentripetalkraft muß proportional $1/r^2$ variieren.

Die mathematische Bestimmtheit, mit der *Newton* das Keplerproblem behandelt, hat eine über *Galilei* wesentlich hinausgehende Formulierung mechanischer Begriffe und Prinzipien zur Voraussetzung. Es wurde oben in vier Punkten die diesbezügliche Leistung *Newtons* zusammengefaßt.

Insofern findet man bei *Newton* eine Erweiterung des Kraftbegriffes, als nicht mehr an die Erdschwere allein sondern weiterhin an die gegenseitige Anziehung der Sonne und der Planeten (eben aller Massen) und desgleichen an magnetische Wirkungen sowie allgemein an Äußerungen von Zug und Druck gedacht ist.

Die Definition der Masse, die *Newton* vorbringt, erweist sich in Wahrheit als eine Scheindefinition, sie genügt nicht der von *Galilei* befürworteten Praxis: „Meßbar machen was noch nicht meßbar ist". Die Masse oder Menge der Materie soll nach ihm die Dichte eines Körpers multipliziert mit seinem Volumen sein. Diese Vorschrift führt aber zu nichts, da die Dichte nur durch „Masse dividiert das Volumen" bestimmt sein kann. Wie man heute weiß, läßt sich die Masse richtig auf dynamischer Basis definieren: Körper von gleicher Masse sind solche, welche allein aufeinanderwirkend sich entgegengesetzte, gleich große Beschleunigungen erteilen. Ein Körper B hat die xfache Masse eines Körpers A, wenn er an A die xfache Beschleunigung hervorruft als A an ihm selbst bewirkt. Es ist nicht von vornherein selbstverständlich sondern bedeutet eine Erfahrungstatsache, daß diese gegebene Vorschrift des Messens zum Ziele führt, und man beispielsweise auf die chemische Beschaffenheit keine Rücksicht zu nehmen braucht.

Was jedoch schon *Newton* erkannt hatte war die Notwendigkeit, die Begriffe Masse und Gewicht von einander zu trennen. Die Masse eines Körpers (Menge der Materie) ist sicherlich etwas Unveränderliches, solange man nichts von ihm fortnimmt, sie bleibt unabhängig davon, wo sich der Körper befindet, auf dem Erdboden, auf dem Mond oder nahe der Sonnenoberfläche. Den Druck aber, welcher von ihm auf eine Unterlage ausgeübt wird, ist an den drei Orten sehr

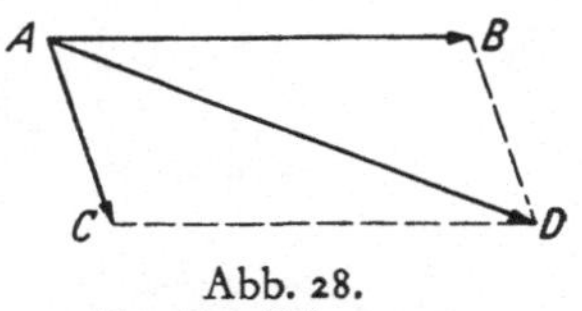

Abb. 28.
Das Parallelogramm
der Bewegung und der Kräfte.

verschieden und diesen „Gewichtsdruck" haben wir zu messen durch die Schwerebeschleunigung am Körper, sie ist nahe der Sonnenoberfläche ungefähr 27.5mal größer als auf der Erde, auf dem Mond 0.165mal kleiner.

Das Prinzip des Kräfteparallelogramms findet man in seiner Wurzel schon bei *Galilei*, es wird jedoch in allgemeingültiger Form erst bei *Newton* klar. Dasselbe besagt, daß, wenn ein Körper der Einwirkung zweier Kräfte auf einmal unterliegt, von denen die eine für sich nach Größe und Richtung die Bewegung AB, die andere AC hervorrufen würde, so ist die gemeinsame Aktion beider durch den Endpunkt der Diagonale AD repräsentiert (siehe Abb. 28). Wie man erkennt kommt diese Aussage darauf hinaus, daß die Wirkung einer Kraft dieselbe bleibt, wenn auch gleichzeitig eine zweite Kraft noch angreift, oder auch, es ergibt sich dasselbe Ergebnis, falls die Kräfte nacheinander wirken. Diese Unabhängigkeit der Kraftwirkungen voneinander ist deshalb so wichtig, da sie die mathematische Behandlung außerordentlich erleichtert. Wir haben oben schon gesehen, daß bei nicht konstanten Kräften es aber nicht erlaubt ist, jede einzelne

Kraft beliebig lange Zeit wirksam zu denken, es ist dann ein Übergang zu „unendlich" kleinen Zeitintervallen zu vollziehen. Bei dieser Voraussetzung kann man dem Parallelogrammsatz dann auch eine erweiterte Deutung geben. Die verschiedenen Kräfte, die an einem Körper angreifen, können direkt durch die von ihnen bewirkten Beschleunigungen gemessen werden. Deuten wir die Pfeile AB und AC als diese Beschleunigungen (Zusatzgeschwindigkeiten in der Zeiteinheit), so bezeichnet der Diagonalpfeil nach Größe und Richtung die wirklich eintretende Beschleunigung, oder auch, was auf dasselbe hinauskommt, die resultierende Kraft der Einzelkräfte AB und AC. Es ist nicht überflüssig, darauf hinzuweisen, daß das Prinzip des Kräfteparallelogramms nicht eine logisch-mathematische Folgerung bedeutet, es ist vielmehr rein empirischer Natur.

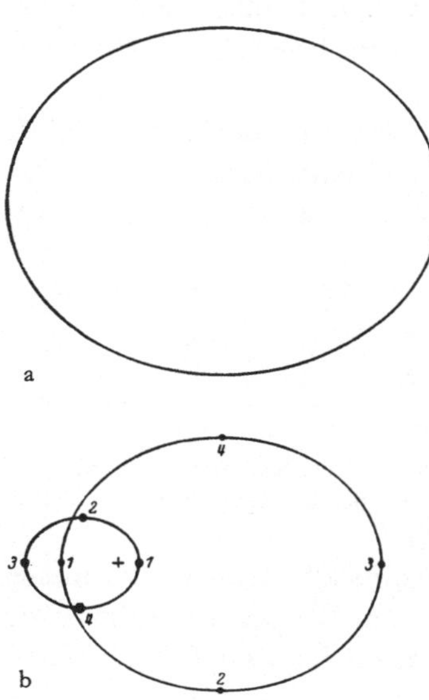

Abb. 29. a Ellipsenbahn eines Planeten um einen Hauptkörper von dem letzteren aus gesehen (obere Figur). b Ellipsenbahn des Planeten und die des Hauptkörpers um den gemeinsamen Schwerpunkt + (untere Figur). (Nach *E. Strömgren*, Astronomische Miniaturen Band II, Julius Springer 1927).

Denken wir uns zwei Kugeln A und A′ vollkommen gleicher Beschaffenheit einander gegenübergestellt, so üben sie gegenseitig in der Richtung ihrer Verbindungslinie eine Beschleunigung aufeinander aus, die sie schließlich in der Mitte ihrer ursprünglichen Distanz zusammentreffen läßt. Dies können wir offensichtlich einfach aus Gründen der Symmetrie schließen. Die Wirkung, die A auf A′ ausübt ist gleich der Gegenwirkung (Reaktion), die A durch A′ erfährt, jedoch sind die Richtungen umgekehrt. Dies ist die einfachste Demonstration des Newtonschen Reaktionsprinzips: „Die Wirkung ist stets der Gegenwirkung gleich", oder „die Wirkungen zweier Körper aufeinander sind stets gleich und von entgegengesetzter Richtung." Das Reaktionsprinzip hat ganz allgemeine Gültigkeit und gilt für jede Art von Kraftäußerung. Drückt man eine Feder zwischen Daumen und Zeigefinger zusammen, so erfahren die Finger denselben Druck zurück, den sie gegen die Feder ausüben. Wo liegt die Reaktion des Planeten auf den Zentralkörper (Sonne) bei der Keplerbewegung? Wir können das Keplerproblem behandeln, ohne auf das Reaktionsprinzip zu achten — und dem entsprechen die Keplerellipsen, die wir bisher betrachtet haben — doch dann haben wir die Planetenbewegung so beschrieben, wie sie von dem Standort auf der Sonne (genauer vom Mittelpunkt derselben) sich ausnimmt, die Reaktion, die in der Anziehung der Sonne durch den Planeten besteht, wird einem solchen hypothetischen Beobachter nicht bemerkbar, er empfindet seinen Standort als den ruhenden Mittelpunkt der Welt, wie man Tausende von Jahren, dem Augenschein folgend die Erde dafür angesehen hat.

Wegen der Reaktion des Planeten auf die Sonne wird auch die letztere ständig zum Planeten hin beschleunigt. Aus der mathematischen Form des Gravitationsgesetzes folgt aber, daß wegen der bedeutend größeren Masse der Geschwindigkeitszuwachs außerordentlich klein ist im Vergleich zu der des Planeten. Von „außen", von einem ruhenden Beobachter gesehen, hat aber das Reaktionsprinzip den Effekt, daß der Planet auch die Sonne zu einer Ellipsenbewegung zwingt, die allerdings nur mit feineren Meßinstrumenten erkennbar würde. Auch stimmt die so erschaute Planetenbahn nicht mit der auf die Sonne bezogenen überein (siehe Abb. 29).

7. Die Kometenforschung in der Zeit von Newton und Halley

In das Jahr 1680 fällt das Auftreten eines außerordentlich hellen Kometen, dessen Schweiflänge bis zu 80⁰ betragen haben soll. Es ist unwahrscheinlich, daß über irgendeine andere frühere oder spätere Erscheinung soviel geschrieben — und gepredigt worden ist, wie über diesen geschwänzten Stern. In einem bekannten Repertorium der Kometen (*Ph. Carl*, München 1864) werden über

ihn in einer Literaturzusammenstellung weit über hundert Druck-
schriften aus den Jahren nach 1680 aufgeführt. Mit wenigen Ausnahmen lassen die aufgeführten Titel allerdings sofort den Verdacht aufkommen, daß die Erbauung, die man aus den Schriften
ziehen kann, kaum wissenschaftlicher Art sein wird. Die Kometen
befinden sich in dieser Zeit immer noch vorwiegend in den Hän-
den von Theologen und theologisch interessierten Laien. Ein
bescheidener Autor aus Königsberg in Preußen bezeichnet seine
Schrift als eine „Einfältige Predigt über die Worte: Wir haben
einen Stern gesehen", ein anderer, aus Rostock, spricht von den
Kometen nur in dem Sinne eines „himmlischen Denkzettels". In
Nürnberg fanden sich am „Runden Tisch" zu einem Gespräch
über das Wunderzeichen am Himmel ein Naturkundiger, ein
Politiko und ein Geistlicher zusammen, die ihre Auslassungen
dann für bedeutungsvoll genug hielten, um für sie die Druckpresse
ächzen zu lassen. Kometenpredigten waren in dieser Zeit sehr
beliebt, sie wurden gerne durch Druck weiter verbreitet. Wenn
man sie heute liest, so erfährt man leider nicht das geringste über
die Besonderheit des Kometen, der sie ausgelöst hat, sie liefern
einzig einen Einblick in die Gemütsverfassung der Redner. Meist
werden die „drohenden Zeichen" am Himmel nur dazu benutzt,
um den Zuhörern Angst einzujagen. Hin und wieder trifft man
allerdings auch auf menschenfreundlichere Charaktere, die dafür
eintreten, sie als einen harmlosen Schmuck des Himmels zu betrachten, was sich für diese Zeit fast wie ein Anflug von Frei-
geisterei ausnimmt.

Das Literaturverzeichnis bei *Carl* enthält dann aber auch einige
wenige Titel von großem Belang: *J. Newton*, Prinzipia Philo-
sophia Naturalis, Buch III; *E. Halley*, Synopsis Astronomiae
Cometicae; *G. Dörfel*, Astronomische Betrachtung des großen
Kometen. Daneben sind noch zu finden kleinere Schriften von
Hevelius, *Kirch* und *Cassini*.

Newton widmet den Kometen über achtzig Druckseiten und
man findet auf ihnen alles wesentliche, was über sie bis dahin
bekannt geworden ist. *Kepler* hatte für die Kometen eine gerad-
linige Bahn durch den Raum angenommen. Obwohl nicht zutreffend, so hatte diese Hypothese doch dazu geführt, für eine
ganze Reihe von ihnen die ungefähren Distanzen von der Erde

zur Zeit ihrer Sichtbarkeit zu ermitteln. So wußte man, daß die beiden Kometen der Jahre 1607 und 1618 zwischen Sonne und Erde die Erdnähe passiert hatten. Nach *Hevelius* hatte sich der vom Jahre 1664 in der Nähe der Marsbahn bewegt und der große von 1680 sollte näher als Merkur an die Sonne herangekommen sein. Der Erfolg der Keplerschen Hypothese erklärt sich dadurch, daß ein Stück Wahrheit in ihr liegt. In seinen Prinzipien beweist *Newton*, daß sich die Kometen in parabelnahen Ellipsen oder in Parabeln und Hyperbeln um die Sonne bewegen. Die Kometenbahnen sind also, wie man leicht erkennt, abgesehen von der Perihel- und Aphelnähe für begrenzte Zeitabschnitte wirklich angenähert geradlinig. Bekannt geworden war vor der Publikation der Prinzipien ebenfalls, daß sie in ihrem Lauf über die Marsbahn hinaus in die Gegend der Jupiterbahn gelangen und dann meist den Blicken wegen zu geringer Helligkeit entschwinden. Weiterhin hatte man festgestellt, daß, wenn gut sichtbar und hell, sie sich am Himmel rasch und in einem größten Kreis durch die Sterne bewegen, sie dagegen gegen Ende ihrer Sichtbarkeit ihren Lauf sehr verlangsamen und dabei auch rückläufig werden können. In richtiger Weise erklärte man dies aus dem Umstand, daß im ersten Falle die Bewegung am Himmel fast allein durch die räumliche Bewegung des Kometen selbst, im anderen Falle fast allein durch die Umlaufsbewegung der Erde hervorgerufen werde. Schnelle scheinbare Bewegung bedeutet Erd- und Sonnennähe, langsame scheinbare Bewegung Erd- und Sonnenferne.

Newton war ebenfalls bis kurz vor der Zeit, da er seine Prinzipien schrieb, ein Anhänger der Keplerschen Hypothese, wie dies aus seiner Korrespondenz mit seinem Kollegen *Flamsteed* hervorgeht. Der Komet von 1680 wurde November—Dezember am östlichen Morgenhimmel vor Aufgang der Sonne aufgefunden. Seine scheinbare Bahn zielte direkt auf die Sonne. Nach dem 20. Dezember fand man dann einen „neuen", noch helleren Kometen, ebenfalls westlich der Sonne, der aber in der entgegengesetzten Richtung, also von der Sonne weg sich bewegte. *Flamsteed* verfocht die Ansicht, daß es sich um ein und denselben handele, der nur inzwischen eine Umschwenkung hinter (östlich) der Sonnenscheibe vollzogen habe. Zunächst trat *Newton* dieser Meinung entgegen, bekehrte sich aber zu ihr einige Jahre später.

Der Gedanke an eine räumliche Bewegung der Kometen in einem Kegelschnitt, den *Newton* in seinen Prinzipien dann beweist, ist von ihm offensichtlich erst einige wenige Jahre vor deren Veröffentlichung gefaßt worden.

Wir müssen hier erwähnen, daß der Pfarrer *S. Dörfel* (1643 bis 1688) zu Plauen im Jahre 1681 aus seinen eigenen Beobachtungen des Kometen von 1680 auf eine Parabelform der Bahn schloß. Dieser Mann aus den sächsischen Landen lebte also durchaus „auf der Höhe seiner Zeit".

Bei einer Durchsicht der Geschichte der Kometenentdeckungen war *Newton* aufgefallen, daß diese vorwiegend auf der Himmelshalbkugel gemacht worden waren, in welcher zur Zeit der Entdeckung auch die Sonne stand. Er vermerkt, daß dieser Teil mehr als 80 Prozent ausmacht und sicher noch höher ausgefallen wäre, falls die Kometen zusätzlich hätten einbezogen werden können, deren Entdeckung durch das Sonnenlicht verhindert wurde. *Newton* erklärte sich diesen Befund aus zwei Umständen. Im Gegensatz zu den Planetenbahnen, sind die Bahnellipsen der Kometen stark exzentrisch also sehr langgestreckt, und ihre Aphele liegen jenseits der Jupiterbahn oder in einer entsprechenden Entfernung nach irgend einer Richtung. Um aber erkannt zu werden, darf ein Komet nicht zu entfernt von der Sonne stehen, da er kein Eigenlicht besitzt, und er durch die Sonnenstrahlung aufgehellt wird. Die größte Helligkeit besitzen sie in ihrer Perihelnähe und diese wird um so mehr anwachsen, je näher das Perihel an der Sonne liegt. Die kleineren Perihelabstände projezieren sich aber selbstverständlich auf die der Sonne zugewandte Himmelshalbkugel. Zur Erklärung der Helligkeitszunahme mit der Sonnenannäherung bringt *Newton* folgendes vor. Die stärkere Bestrahlung des eigentlichen Kometenkörpers, den er sich ähnlich einem Planeten aber kleiner als diese denkt, bewirkt eine stärkere Erwärmung und damit eine teilweise Verdampfung. Die Dämpfe erzeugen um den Kern eine Atmosphäre, die dann durch das Sonnenlicht aufgehellt wird. In bezug auf die Entstehung der Schweife ist er geneigt, einen Gedanken *Keplers* für richtig zu halten, nach dem die Lichtstrahlen Dämpfe des Kometenkopfes mit sich fortreißen. Daß eine sehr dünne Luft im freien Raume der Wirkung der Lichtstrahlen nachgeben könne, hält er für durchaus möglich, und es brauche diesem nicht die Tatsache zu widersprechen, daß ein solcher Effekt nicht unter irdischen Bedingungen wahrgenommen werde, wo der Bewegung der Lichtteilchen wegen des höheren Druckes ein größerer Widerstand entgegen stehe.

Newton entwirft dann eine Methode, um aus drei Örtern der scheinbaren Bahn eines Kometen die wahre Bahn im Raume zu berechnen. Die Methode ist geometrisch-konstruktiv. Als erstes

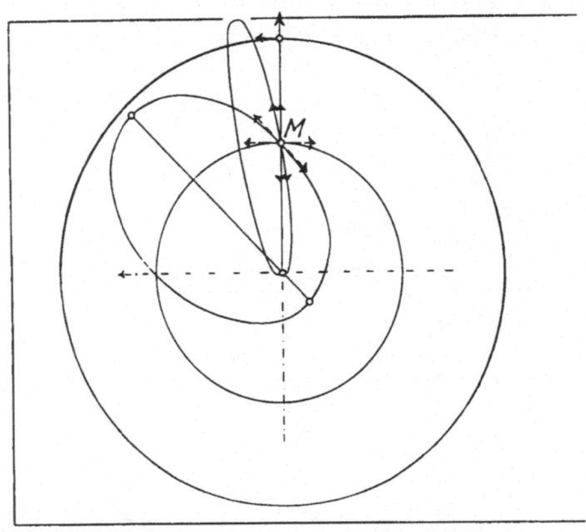

Abb. 30. Die drei durch den Punkt M gehenden Ellipsenbahnen haben gleiche Hauptachsen und darum gleiche Umlaufzeiten um den Zentralkörper. In dem Kreuzungspunkte M besitzen die drei Körper, die in diesen Bahnen laufen, alle die gleiche Geschwindigkeit, nur die Geschwindigkeitsrichtungen sind verschieden.

Beispiel behandelt er den Kometen von 1680 und benutzt dazu Beobachtungen von *Flamsteed*. Im Anschluß an die Berechnung der Bahn zeigt er dann, wie bei deren Kenntnis scheinbare Kometenörter am Himmel im voraus angezeigt werden können.

Eine elliptische Kometenbahn besitzt 6 *Bahnelemente* d. h. sechs verschiedene Bestimmungsstücke legen dieselbe erst in ihrer Gestalt, räumlichen Orientierung und der Position des Kometen in der Bahn eindeutig fest. Das Hauptelement ist die halbe große Achse der Ellipse, gewöhnlich mit dem Buchstaben a bezeichnet. Nach dem dritten Keplerschen Gesetz ist mit der Hauptachse auch gleichzeitig die Umlaufsperiode bestimmt. Ellipsen mit derselben Hauptachse können noch verschiedene halbe Nebenachsen b besitzen (siehe Abb. 30). Das Verhältnis von b:a charakterisiert die

Exzentrizität e der Ellipse (siehe Abb. 26 und 27), zu deren Definition benutzt man aber nicht direkt dieses Verhältnis, sondern setzt $e = \dfrac{MF}{MP}$. MF ist gleich dem Abstand des Mittelpunktes der Ellipse vom Brennpunkt. Für den Kreis ist offensichtlich $e = 0$. Mit wachsendem e werden die Ellipsen mehr und mehr gestreckt und für $e = 1$ gehen sie in eine Parabel über. Aus der Geometrie der Kegelschnitte folgt, daß durch die Exzentrizität e und die halbe Hauptachse a auch der Perihelabstand q festgelegt ist.

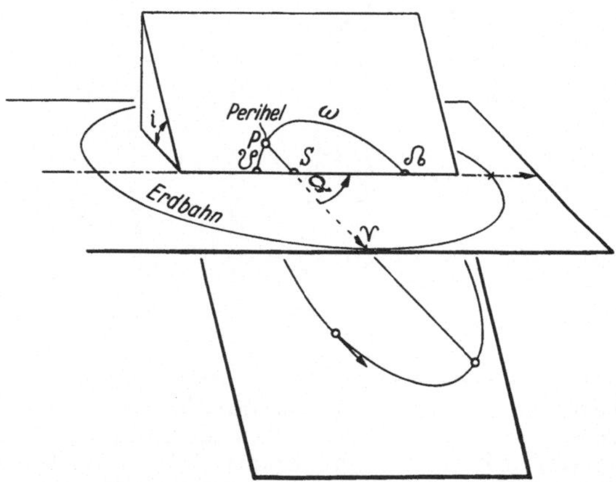

Abb. 31. Die Elemente einer Kometenbahn.

Die Bahnelemente drei, vier und fünf legen dann die Lage der Bahn im Raume fest. In der Abb. 31 ist eine Ellipsenbahn auf ein schrägliegendes „Brett" aufgezeichnet, die Ebene dieses Brettes ist also identisch mit der Ebene der Bahn. Sie bildet mit der Ebene der Erdbahn den Neigungswinkel i (drittes Bahnelement). Den Punkt, in welchem die Kometenbahn die Erdbahnebene durchstößt, bezeichnet man als den *aufsteigenden* Knoten ☊ der Kometenbahn, falls der Komet von „unten" nach „oben" läuft, genau 180⁰ gegenüber liegt der *absteigende* Knoten ☋. Beim umgekehrten Umlauf kehren sich auch die Bezeichnungen um. ☊ und ☋ können nur in Winkeln (von 0⁰ bis 360⁰) gezählt werden, wobei es notwendig ist die Nullrichtung festzulegen. Dazu wird die Richtung von der Sonne zum Frühlingspunkt ♈ gewählt.

Ω bedeutet das vierte Bahnelement. Es ist dann als fünftes Element noch die Angabe der Richtung der großen Achse erforderlich. Dazu dient der Winkel ω zwischen der Richtung zum aufsteigenden Knoten und der Richtung zum Perihel. ω wird gewöhnlich als das Argument des Perihels bezeichnet. Das sechste und letzte Element ist eine Angabe über die Position des Kometen in der Bahn zu einem bestimmten Zeitpunkt. Dazu wählt man irgendeine Perihelpassage, meist die, welche der ersten Beobachtung des Kometen am nächsten liegt. Nach gewissen Gleichungen läßt sich dann die Lage des Kometen in der Bahn für jeden beliebigen späteren oder auch früheren Zeitpunkt berechnen.

In der Tabelle 3 sind die Bahnelemente des großen Kometen von 1680 aufgeführt und zwar nach den Berechnungen von drei verschiedenen Autoren. Die erste genäherte Rechnung von *Newton* wurde einige Jahre später durch *Halley* etwas verbessert. Schließlich hat dann *Encke* im vorigen Jahrhundert nach einer später von *Olbers* entwickelten Methode und unter sorgfältigster Diskussion aller vorhandenen Beobachtungsdaten, die den anderen Autoren zum Teil noch nicht bekannt waren, eine nochmalige Bahnbestimmung durchgeführt. An Stelle der Bahnachse a ist die Periheldistanz q angegeben. Letztere hängt durch die Formel q $=$ a (1 $-$ e) mit a zusammen. *Halleys* Elemente q und e führen auf eine Umlaufzeit von 575 Jahren. Bei einer Durchsicht vergangener heller Kometenerscheinungen stellte *Halley* fest, daß ein besonders ausgezeichnet heller Komet viermal in einem Abstand von 575 Jahren auf der Erde beobachtet worden war, nämlich im September nach dem Tode *Julius Cäsars* (44 v. Chr.), im Jahre 531 n. Chr. Geburt, im Jahre 1106 und schließlich die Erscheinung von 1680. *Newton* war ebenso wie *Halley* der Ansicht, daß diese Erscheinungen die viermalige Wiederkehr ein und desselben Kometen bedeuten. Es ist nach späteren Berechnungen von *Encke* aber so gut wie sicher, daß dies ein Irrtum war. *Encke* erhält eine Umlaufzeit von rund 8800 Jahren und er zeigt, daß die Beobachtungen von 1106 mit der Bahn von 1680 nicht vereinbar sind und die von 530 und 44 v. Chr. keinerlei Gewißheit geben.

Anders verhält es sich dagegen mit dem Kometen, der 1682 erschien und aus dessen Bahn *Halley* auf eine Identität mit den Kometen von 1607 und 1531 schloß. Die Elemente dieser Bahnen,

Tabelle 3. *Elemente des Kometen von 1680*

Rechner	Argument des Perihels ω	Länge des aufsteig. Knotens Ω	Neigung i	Periheldistanz q	Exzentrizität e	Durchgang durchs Perihel (mittlere Pariser Zeit)
Newton. . . .	$351^{0}22'$	$271^{0}53'$	$61^{0}20'20''$	0.00592	—	Dez. 18.009
Halley	$350^{0}42'25''$	$272^{0}2'0''$	$61^{0}6'48''$	0.00617	0.9999107	„ 17.9711
Encke	$350^{0}39'36'$	$272^{0}9'29''$	$60^{0}40'16''$	0.00622	0.999985	„ 17.99409

Tabelle 4. Elemente des Halleyschen Kometen.

	ω	Ω	i	q	e	T	Periode
1531	$104^{0}18'$	$45^{0}30'$	$163^{0}0'$	0.5800	0.967391	Aug. 25.799	76 Jahre plus 62 Tage
1607	$106^{0}45'$	$47^{0}48'$	$162^{0}40'$	0.5850	0.967391	Okt. 26.912	
1682	$109^{0}12'$	$50^{0}48'$	$162^{0}18'$	0.5825	0.967391	Sept. 14.896	75 Jahre minus 42 Tage

wie sie von *Halley* berechnet wurden, stehen in der Tabelle 4. Man sieht, die beiden Perioden stimmen nicht genau überein, die Differenz beträgt nicht weniger als fünfzehn Monate. *Halley* war sich jedoch von vornherein klar, daß diese Differenz nicht sehr viel zu bedeuten hatte. Aus der Form der Bahn konnte er schließen, daß Mitte des Jahres 1681, als der Komet sich der Sonne bis etwa auf die Distanz der Jupiterbahn genähert hatte, er diesem Planeten immerhin für Monate so nahe stand, daß dessen Schwereattraktion sich auf $^{1}/_{50}$ der Sonnenattraktion belief. Die Kometenbahn mußte also eine *Störung* erleiden. Das Problem der Kometenstörungen ist jedoch rechnerisch von *Halley* nicht mehr erledigt worden. Die Aufmerksamkeit konzentrierte sich später — die Daten *Halleys* über den Kometen wurden 1705 publiziert — auf die nächste Wiederkehr, die also um 1758—1759 zu erwarten war. *Halley* hatte für diese abgeschätzt, daß eine Vergrößerung der Periode im Vergleich zu der letzten (75 Jahre minus 42 Tage) zu erwarten sei, was sich auch bestätigte. Bis zur Wiederkehr des Kometen hatten die Mathematiker inzwischen gelernt, Planeten- und Kometenstörungen rechnerisch zu behandeln. Der franzö-

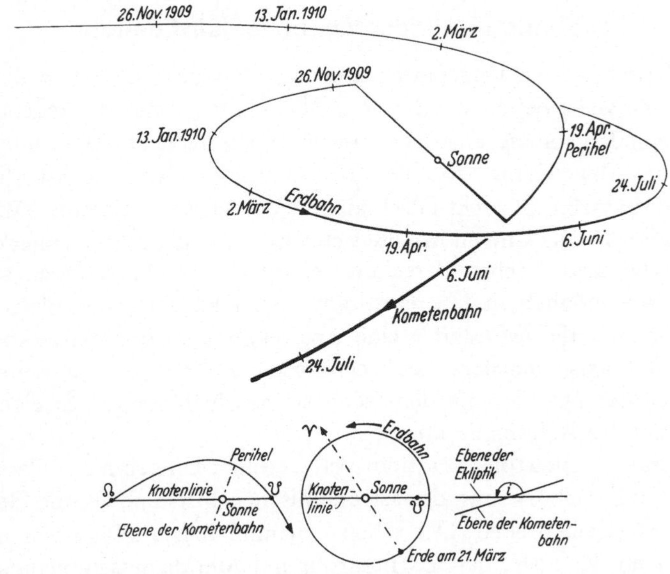

Abb. 32. Graphische Darstellung der Bahn des Halleyschen Kometen in der Nähe von Sonne und Erde für die Wiederkehr im Jahre 1910.

sische Geometer *Clairaut* legte der Pariser Akademie im November 1758 eine Schrift vor, in welcher er die neue Periode zu 76 Jahre und 211 Tage bestimmt hatte und wonach der Komet am 13. April 1759 durchs Perihel gehen sollte. Wegen gewisser Vernachlässigungen in den Rechnungen ließ *Clairaut* jedoch einen Spielraum von plus und minus einem Monat offen. Zuerst entdeckt wurde der Komet am 25. Dezember 1758 von dem Amateurastronomen *Georg Palitsch* in Sachsen, der Periheldurchgang ging am 13. März vor sich. Die Störung der Periode rührte in diesem Falle teils von Jupiter und teils von Saturn her. *Clairauts*

Rechnungen wären genauer ausgefallen, wenn damals genauere Massenwerte dieser Planeten bekannt gewesen wären als es der Fall war.

Der Komet ist zuletzt im Jahre 1910 im Perihel erschienen (siehe Abb. 32).

8. Sonne und Planeten im 18. Jahrhundert

Zwischen dem Ungefähren und dem Exakten besteht in den Naturwissenschaften noch eine große Kluft. Wenn die rechnerischen Ergebnisse einer Theorie eine entschiedene wenn auch kleine Abweichung von der Beobachtung zeigen, so ist die Theorie vielleicht nicht falsch aber sicherlich unvollständig. Mit *Newtons* Entdeckungen machte sich sofort das Bedürfnis bemerkbar, die theoretischen Berechnugen mit den Beobachtungen so gut wie möglich in Übereinstimmung zu bringen, was gleichzeitig zweierlei erforderte: eine Anstrengung in der astronomischen Praxis, genauere Beobachtungsdaten zu liefern und von Seiten der Theorie, von den rechnerischen Näherungen zu einer exakten Darstellung zu kommen.

Schon zu Newtons Zeit und zwar in seiner Umgebung vollzog sich eine Verbesserung der astronomischen Instrumente und Beobachtungsmethoden. Der schon genannte *Robert Hooke* war in England der erste, der das Fernrohr mit Meridianinstrumenten, in erster Linie dem Mauerquadranten in Verbindung brachte (siehe Abb. 33). Mit einem solchen führte der ebenfalls schon erwähnte *Flamsteed* über Jahrzehnte Messungen der Positionen von Sternen, Planeten, Kometen und den Jupitersatelliten aus. *Flamsteeds* Messungen erwiesen sich bereits auf 10 Bogensekunden genau, während die von *Tycho Brahe* eine Bogenminute erreicht hatten. Ein wesentlicher Fortschritt bestand darin, daß *Flamsteed* das Meridianinstrument mit einem sehr präzisen, natürlichen „Instrument" verband, nämlich dem „Erdkreisel". Die konstante Rotationsgeschwindigkeit der Erdkugel wird dazu benutzt, die Winkel am Pole (Rektaszensionen) der Gestirne zu messen. Der Durchgang eines und desselben Sternes durch den Meridian erfolgt im Abstande eines Sterntages, der durch Benutzung einer

Uhr in Stunden, Minuten, Sekunden geteilt werden kann. Vierundzwanzig Stunden entsprechen dem ganzen Umfang des Äquators oder 360°, einer Stunde 15° usw. Seit dieser Zeit ist die Uhr
ein unentbehrliches Instrument der Sternwarten geworden. Ein
großer Fortschritt in der Zeitmessung war mit der Einführung von
Pendeluhren durch *Huygens* zwischen 1650 und 1660 schon erreicht

Abb. 33. Mauerquadrant mit kleinem Fernrohr.

worden. Vor der Einführung der Messung der Rektaszensionen
durch die Zeit maß man die Position eines Gestirnes stets in bezug
auf zwei Fixsterne, deren Positionen als bekannt gelten konnten.

Im Jahre 1676 war der dänische Astronom *O. Römer* (1644
bis 1710) zu einem Ergebnis über die Ausbreitungsgeschwindigkeit des Lichtes gekommen, das aber nicht allgemein bekannt
geworden war. *Galilei* hatte schon gefunden, daß der innerste Jupitermond in ungefähr 42.5 Stunden sich einmal um den Planeten
herumbewegte und bei jedem Umlauf einmal verschwand. Als
sich *Römer* um eine genauere Bestimmung der Umlaufsperioden

bemühte, stellte er fest, daß diese nicht gleich den berechneten
waren, sondern die Verfinsterungen etwas früher eintraten, wenn
der Planet der Erde näher stand. Es war offensichtlich, daß der
Effekt nur von der Distanz des Planeten von der Erde abhing.
Römer deutete diesen in richtiger Weise, indem er annahm, daß
das Licht für einen größeren Weg eine größere Zeit benötige und
er bestimmte die Lichtgeschwindigkeit zu 307 200 km in der
Sekunde. Wir wissen heute, daß der wahre Wert
299 770 km beträgt. Die endliche Ausbreitungsgeschwindigkeit wurde dann 50 Jahre später noch in
einem anderen Zusammenhang demonstriert, nämlich
durch die für die astronomische Beobachtungspraxis
so bedeutsame Erscheinung der „Abirrung" oder
„Aberration des Lichtes". Die Aberration ist eine
kleine scheinbare Verschiebung eines Sternortes, verursacht durch die Tatsache, daß die Geschwindigkeit
der Erde in ihrer Bahn nicht als vernachlässigbar klein
im Vergleich zur Lichtgeschwindigkeit betrachtet werden kann, jedenfalls nicht bei der schon um diese Zeit
erreichten Genauigkeit der astronomischen Positions-

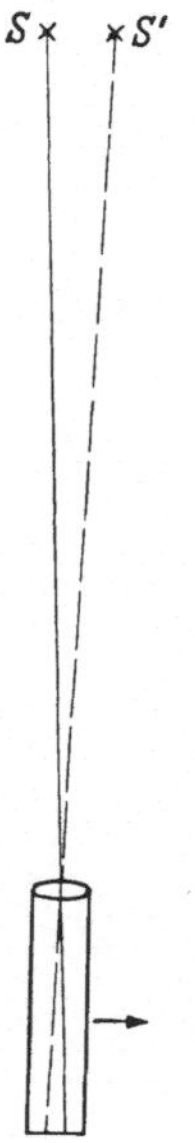

Abb. 34. *Zur Aberration des Lichtes.* Infolge der Bewegung des
Fernrohrs und Beobachters wird der Auftreffpunkt von einem
Lichtstrahl eines Sternes S entgegengesetzt zur Bewegungsrichtung verschoben. Der Stern scheint deshalb an der Stelle S'
zu stehen.

messungen (siehe Abb. 34). Diese Erscheinung wurde von *Bradley*
(1693 bis 1762) entdeckt und sie bedeutete die Eliminierung einer
weiteren Fehlerquelle genauer astronomischer Positionsmessungen.
Bradley entdeckte auch die Erscheinung der „Nutation". Von
der Präzession, dem Vorrücken der Tag- und Nachtgleichen, die
schon *Hipparch* bekannt war, haben wir schon früher gesprochen. Die Achse, um die sich die Erde dreht, zeigt nicht ständig
in einer Richtung sondern bewegt sich in einem Kreis, der sich
in 26 000 Jahren einmal schließt. *Bradley* stellte fest, daß dieser
Kreis zahlreiche wellenförmige „Beulen" aufweist, was daher
rührt, daß der Äquator mit einer Periode von ungefähr 19 Jahren
ganz leicht hin und her schwankt.

Die Entfernung der Erde von der Sonne ist seit jeher die in der Astronomie benützte Längeneinheit gewesen. Von ihrer Messung muß äußerste Genauigkeit verlangt werden, da deren Fehler in alle astronomischen Entfernungsangaben eingehen. Die sehr große Unsicherheit über diese Größe, welche bis in die zweite Hälfte des 17. Jahrhunderts hinein herrschte, war um 1672 von *Cassini* und *Richer* beseitigt worden, die zum ersten Male eine zuverlässige Meßmethode zu ihrer Messung praktizierten. Diese macht sich die Tatsache zunutze, daß man auf Grund der Keplerschen Gesetze die *Verhältnisse* der Bahnabmessungen der Planeten kennt. Gewinnt man für irgendeinen Zeitpunkt die absolute

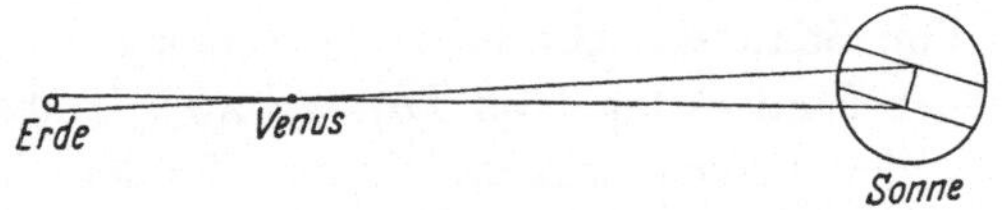

Abb. 35.
Zur Bestimmung der Sonnenparallaxe mit Hilfe der Venusdurchgänge.

Distanz zu irgendeinem Planeten oder der Sonne, so können daraus rechnerisch sämtliche Abmessungen der Planetenbahnen *absolut* abgeleitet werden. *Cassini* und *Richer* bestimmten 1672 mit gleichzeitigen Beobachtungen in Paris und Cayenne die Marsparallaxe, als dieser Planet der Erde sehr nahe stand und fanden damit die *Sonnenparallaxe* zu 9.5″. Es muß bemerkt werden, daß man unter dieser den Winkel versteht, welchen der Radius des Erdkörpers bildet, wenn man die Erde von der Sonne aus betrachten würde. Nach den neuesten Messungen beträgt der Wert derselben wirklich 8.79″. Der Cassini-Richersche war also noch zu groß. Eine wesentliche Verbesserung brachten aber später die von *Halley* vorgeschlagenen Beobachtungen der Venusdurchgänge vor der Sonnenscheibe, die von verschiedenen Orten der Erde unternommen wurden. Das Prinzip dieser Methode ist sehr einfach (siehe Abb. 35). Verfolgt ein Beobachter den Vorübergang auf der Nordhalbkugel und ein zweiter auf der Südhalbkugel der Erde, so stellt sich der Vorgang nicht für beide gleich dar. Infolge der Parallaxe zeichnet die Venus für jeden von beiden eine andere Sehne über die Sonnenscheibe. Aus deren scheinbarer Distanz und der bekannten linearen Distanz der Beobachter auf der Erde läßt sich die Parallaxe der Venus und damit die der Sonne berechnen. Nach diesem Verfahren fand man im Jahre 1769 eine Sonnenparallaxe 8.68″, was also schon relativ nahe an dem heute gültigen Wert ist.

An bedeutenden astronomischen Beobachtern ist für dieses Jahrhundert in erster Linie noch *Herschel* (1738—1822) zu erwähnen. Am bekanntesten ist er geworden durch die Entdeckung des Planeten Uranus im Jahre 1781. Da Uranus sich so langsam bewegt, daß er erst in 84 Jahren einen Umlauf vollendet, so würde es lange gedauert haben, bis man aus seiner weiteren scheinbaren Bewegung seine Bahnelemente hätte ableiten können. Es stellte sich aber heraus, daß *Flamsteed* und der Göttinger Astronom *Tobias Mayer* (1723—1762) ihn schon früher als vermeintlichen Fixstern in ihre Sternverzeichnisse aufgenommen hatten. Sechs Jahre nach der Entdeckung fand *Herschel* zwei Trabanten des Planeten. Zu den bereits bekannten fünf Monden des Saturn konnte er noch zwei weitere hinzufügen.

Die Abweichungen von den reinen Keplerbahnen, welche die Planeten, Kometen und Monde infolge der gleichzeitigen Anziehung sämtlicher Körper des Sonnensystems zeigen, faßt man unter der Bezeichnung *Störungen* zusammen. Die großen Schwierigkeiten des Problems der Störungen hängen damit zusammen, daß die störenden Kraftzentren ebenso wie der gestörte Körper in Bewegung begriffen sind. Die Richtungen und die Stärke der einzelnen Anziehungskräfte variieren also mit der Zeit. Bei *Newton* hatte die Astronomie nicht mehr als die Anfangsgründe der Mathematik verlangt, jetzt stellte sie Forderungen, welche die Mathematiker nicht befriedigen konnten. Die großen Mathematiker des 18. Jahrhunderts (und ebenso der Folgezeit) verwandten ihre ganze Energie darauf, der neuen astronomischen Probleme Herr zu werden. Obschon eine ideale Lösung wegen der großen Kompliziertheit der Verhältnisse nicht erreicht werden konnte, so zeigte sich der große Erfolg der Anstrengungen doch darin, daß man lernte, die theoretischen Bahnen den wirklichen mit einer hohen Genauigkeit anzuschließen und daß es gelang, die Einzelursachen der Unregelmäßigkeiten in den Bewegungen der Körper nach und nach aufzudecken.

Die geometrischen Methoden *Newtons* erwiesen sich von vornherein als unzureichend, die mathematische Analysis, deren Kern die Differential- und Integralrechnung ausmacht, trat an die Stelle der Geometrie. Die physikalische Mechanik erfuhr insofern eine gewaltige Erweiterung, als der Inhalt der Galilei-Newtonschen Prinzipien in neuen Formulierungen auf die praktische Bewältigung von speziellen Problemgruppen zugeschnitten wurde. *Clairaut* (1713—1765) und *Euler* (1707—1783) lösten um die Mitte des Jahrhunderts die analytische Behandlung der Störungen ohne sie allerdings zu erschöpfen. *Euler* zeigte, wie die Newtonschen Gesetze umgestaltet werden mußten, um sie praktisch auf die Bewegung irgendeines ausgedehnten, starren Körpers anwenden zu können. *Lagrange* (1736—1813) gewann dann eine Formulierung, die ein Schema für die Behandlung eines beliebig komplizierten Körpersystems abgab.

In der dynamischen Astronomie stellen die Werke „Exposition du Systeme du Monde" und die „Mecanique Celeste" von *Laplace* (1749—1827) die Zusammenfassung und den Gipfel der Leistungen des Jahrhunderts dar. Der Autor hatte sich das Ziel gesteckt, eine vollständige Lösung des großen mechanischen Problems zu erreichen, welche das Sonnensystem darstellt, und Theorie und Beobachtung in so exakte Übereinstimmung zu bringen, daß empirische Gleichungen in den astronomischen Tabellen keinen Platz mehr hatten, was er allerdings doch nicht ganz erreichen konnte. Besondere Erwähnung verdient folgende Leistung von *Laplace*. *Newton* neigte zu der Ansicht, daß die gegenseitige Anziehung der Planeten im Laufe von Jahrtausenden dazu führen könne, daß sich langsam eine vollständige Umgestaltung in der Anordnung der Planeten vollziehen würde. *Kopernikus* und *Kepler* hatten schon aus Vergleichen der Planetenbahnen ihrer Zeit mit den Angaben des *Ptolemäus* entdeckt, daß Form und Lage langsamen Veränderungen in gleichbleibender Richtung unterworfen waren. Die Himmelsmechaniker der Periode nach *Newton* konnten zeigen, daß diese wirklich von gegenseitigen Störungen der Planeten herrührten. Diese Gefährdung der Stabilität des Sonnensystems ist nach *Laplace* aber nur scheinbar vorhanden, da die Veränderungen um Mittelwerte der Bahnelemente hin- und herpendeln und die bisher beobachtete Einseitigkeit nur durch sehr große Perioden von der Größenordnung von 100000 Jahren vorgetäuscht wird.

9. Die Kometen im 18. Jahrhundert

Im 18. Jahrhundert gab es einige Astronomen, die systematisch den Himmel nach Kometen absuchten. Unter diesen Kometenjägern ist zeitlich an erster Stelle *Charles Messier* (1730—1817) zu nennen, der in der Zeit von 1758 bis 1811 nicht weniger als 14 Entdeckungen machte, was ihm den Spitznamen „le furet des cometes" einbrachte. *Messier* wurde aber geschlagen durch *J. L. Pons* (1761—1831), der auf die Zahl 37 kam. Die Personen, welche bis heute die Weltrekorde in der Anzahl der *Bahnberechnungen* halten, treten im Anfang des 19. Jahrhunderts auf. *Encke* (1791 bis 1875), der es auf die Zahl 56 brachte, steht unter ihnen an der Spitze.

Ein ganz neuer Gesichtspunkt für die Bahnverhältnisse ergab sich mit dem Kometen 1770, den *Messier* auffand, der aber unter dem Namen Komet Lexell in die Literatur eingegangen ist. Es dauerte über dreißig Jahre bis ausreichend geklärt war, was es mit dessen Bahnbewegung auf sich hatte, nämlich eine zweimalige radikale Bahnumwandlung infolge starker Jupiterstörungen.

Die Geschichte des Kometen von 1770 ist kurz die folgende.

Nach der Auffindung durch *Messier* im Juni 1770 blieb er bis Anfang Oktober desselben Jahres unter Beobachtung. Im Juli stand er allerdings für einige Zeit unsichtbar am Tageshimmel. Auffallend am Kometenbild war die enorme scheinbare Größe (Durchmesser) des Kopfes, die Anfang Juli dem vierfachen Betrage des Monddurchmessers gleich kam. Zu dieser Zeit stand der Komet, wie spätere Rechnungen zeigten, eben der Erde besonders nahe. Diese Annäherung an die Erde bedeutete für den Kometen aber noch keine starke Störung. Aus der beobachteten scheinbaren Bahn berechnete *Lexell* in St. Petersburg eine Ellipse mit einer Umlaufzeit von 5.585 Jahren und den Periheldurchgang für den 4. August 1770. Das Perihel lag innerhalb der Erdbahn bei 0.674 Astron. Einheiten. Nach der angegebenen Periode mußte die nächste Perihelnähe im März—April 1776 vor sich gehen. Die Stellung des Kometen blieb für diesen Zeitabschnitt und auch vorher und nachher jedoch für die Beobachtung sehr ungünstig, da die Sonne zwischen Komet und Erde stand. Dagegen war für die folgende Perihelannäherung eine gute Sichtbarkeit zu erwarten. Trotz der großen Aufmerksamkeit, die man der Suche nach dem Kometen widmete, blieb er unauffindbar. Auf Grund der von ihm aufgestellten Bahn wies dann *Lexell* darauf hin, daß der Komet sowohl im Jahre 1767 wie auch ein zweites Mal im Jahre 1779 nahe an den Planeten Jupiter herangekommen war. Die kurze Existenz in der kurzperiodischen Bahn von 1770 deutete *Lexell* in dem Sinne, daß sowohl vor der ersten Jupiterbegegnung wie auch nach der zweiten derselbe in Bahnen mit wesentlich längeren Perioden und wesentlich größeren Perihelabständen lief. Diese Auffassung, die durchaus nicht sofort allgemein akzeptiert wurde, erwies sich aber schließlich als richtig. Der Beweis dafür wurde im Anschluß an ausführlichere himmelsmechanische Rechnungen (abgeschlossen im Jahre 1806) durch den in Paris lebenden Astronomen *Burckhardt* geliefert. Dieser Autor stützte sich bei der rechnerischen Behandlung dieser Fälle auf ein theoretisches Schema, welches der französische Mathematiker und Astronom *Laplace* kurz vorher ausgearbeitet hatte.

Der Grundgedanke des hier in Frage stehenden Laplaceschen Verfahrens ist übrigens auch ohne eine Benutzung mathematischer Formeln verständlich zu machen. Die anschließende kurze Erläuterung, die wir jetzt geben, wird später für einen zweiten Fall einer Störung vom Lexellschen Typ (Komet 1889 V) durch eine Reihe von Zeichnungen noch näher veranschaulicht (siehe Ziffer 14).

Von *Laplace* stammt die Einführung der Vorstellung einer *Aktionszone* (oder *Attraktionszone*) eines Planeten. Dieser Begriff bedeutet zunächst nichts mehr als die kurze Kennzeichnung der Abgrenzung eines Raumes um einen Planeten, innerhalb dessen an jeder Stelle ein dort befindlicher Körper (wie beispielsweise ein Komet) von dem Planeten eine stärkere Anziehung erfährt als von Seiten der Sonne. Die Aktionszonen haben annähernd die Form einer Kugel mit dem Planeten als Mittelpunkt. In der nebenstehenden Tabelle sind für die verschiedenen Planeten (außer dem äußersten Pluto) die Radien dieser Zonen (ausgedrückt in der Einheit der Distanz Erde—Sonne) aufgeführt.

Daß bei der zweiten Gruppe der Planeten die Radien der Zonen um das Hundertfache und mehr größer sind als bei den Planeten der ersten Gruppe, ist durch die größeren Abstände von der Sonne und die größeren Massen bedingt. Im Abstande der Jupiterbahn beträgt die Schwereanziehung der Sonne nur rund den 28. Teil von dem Betrage in der Entfernung der Erdbahn. Andererseits hat Jupiter jedoch die 316fache Erdmasse. Es leuchtet sofort ein, daß die Monde der Planeten innerhalb der Aktionszonen liegen müssen. Das Festhalten eines Mondes in geschlossener Bahn durch einen Planeten bedeutet, daß die Bewegung des Mondkörpers in dieser Bahn durch die Schwereanziehung des zentralen Planeten beherrscht wird. Die Schwereanziehung der Sonne auf die Monde hat zwar genauer betrachtet auch noch eine

Tabelle 5. *Radien der Aktionszonen der Planeten in AE*

Merkur	0.001	Jupiter	0.322
Venus	0.004	Saturn	0.363
Erde	0.006	Uranus	0.330
Mars	0.004	Neptun	0.576

gewisse Wirkung, die sich jedoch nur in einer relativ kleinen Störung auswirkt. Die Aktionszonen der Planeten reichen weit über die Mondbahnen hinaus. Das gilt allerdings nicht mehr von dem VIII. Jupitermond, der ziemlich nahe an die äußere Grenze der Aktionssphäre herankommt.

Solch gründliche Bahnumwandlungen wie beim Lexellschen Kometen und dem weiter unten behandelten Kometen 1889 V sind stets mit einem tieferen Eindringen in die Aktionssphäre eines Planeten — in diesen Beispielen des Jupiter — verbunden. Der Komet steht dann für lange Zeit — Wochen und Monate — in seiner Bewegung so zu sagen unter der Kontrolle des Planeten ebenso wie die Monde desselben. Wie mit dem Eintritt in die Aktionssphäre die alte Ellipsenbahn des Kometen endet, so beginnt die neue Ellipsenbahn um die Sonne mit dem Austritt aus dieser Zone. In dieser Zwischenzeit ist die Bahn des Kometen recht verwickelt, wenn man die Sonne weiterhin als das Zentrum des Raumes betrachtet, sie wird jedoch einfach, falls man jetzt den Planeten bzw. dessen Mittelpunkt dazu wählt. Bezogen auf den Planeten als den Zentralkörper beschreibt der Komet innerhalb dessen Attraktionszone eine Hyperbelbahn. An den Rändern der Attraktionszonen werden die Hyperbelkurven allerdings verzerrt.

Nach der zuerst von *Laplace* gegebenen Vorschrift läuft die Ermittlung der Kometenbahn nach der Störung, vorausgesetzt, daß die ältere Bahn durch Beobachtungen bekannt geworden ist, in großen Zügen folgendermaßen. In einem ersten Schritt legt man zunächst einmal den Ort am Rande der Aktionssphäre fest, in dem der Komet in diese eindringt und zu dem die Geschwindigkeit und die Bewegungsrichtung des Kometenkerns. Da das zuerst ins Auge gefaßte Ziel eben darin besteht, die Hyperbelbahn um den Planeten zu konstruieren oder zu errechnen, so benötigt man die genannten Daten in bezug auf den Planeten. Wir haben oben in der Ziffer 7 an Hand der Zeichnungen erörtert, daß die Bahn eines Kometenkerns um einen Zentralkörper durch die Geschwindigkeit und Geschwindigkeitsrichtung an einer bestimmten Stelle im Raum festgelegt wird, sämtliche Elemente sind damit bestimmt. Dies gilt nicht nur für die Ellipsen- sondern ebenfalls die Hyperbelbahnen. Der Planet als neuer Zentralkörper „trägt" — so können wir den Vorgang auffassen — infolge seiner Bahnbewegung um die Sonne den Kometenkern im Raum des ersten Zentralkörpers, eben der Sonne, an einen anderen Punkt, wo er ihn aus seinem Attraktionsbereich entläßt und derselbe wieder ganz unter die Kontrolle der Sonne gerät. Letzteres bedeutet den Beginn einer neuen Ellipsenbahn um die Sonne. Parabeln und Hyperbeln sind jedoch ebenfalls möglich.

Die Bewegung des Planeten in seiner Bahn erfährt wegen der extrem großen Masse im Vergleich zur Masse des Kometenkerns praktisch nicht die geringste Störung. Der Ort und die Bewegung des Planeten ist den Astronomen für jeden Zeitpunkt bekannt und diese Daten können ohne weiteres vorhandenen Tabellenwerken entnommen werden. Die Umrechnung der benötigten Daten für den Kometen (Ort, Geschwindigkeit, Geschwindigkeitsrichtung) von dem ursprünglichen Bezug auf die Sonne übergehend auf den Planeten als Zentralkörper erfolgt nach einem einfachen Rechenschema. Dasselbe findet wiederum Anwendung, wenn nach der Störung auf die Sonne als Zentrum zurückgegangen wird.

Wir sind hier davon ausgegangen, aus einer durch die Beobachtung bekannt gewordenen Bahn die zeitlich spätere Bahn zu ermitteln. Bei dem Kometen Lexell lag nun ein doppeltes Problem vor, nämlich aus der (auf Grund der Beobachtungen) allein bekannten kurzperiodischen Bahn zwischen den beiden Störungen sowohl die spätere wie aber auch die ältere Bahn zu bestimmen. Diese zweite Aufgabe ist im Prinzip durchaus kein neues Problem. Während im ersten Falle die bekannte, zwischen den Störungen liegende Bahn die Daten für den Eintritt in die Aktionssphäre des Planeten liefert, erhalten wir aus ihr andererseits auch die Daten für den Austritt aus dieser Sphäre für die erste Störung. Die Kenntnis des Ortes, der Geschwindigkeit und Geschwindigkeitsrichtung und des Zeitpunktes beim Verlassen der Aktionssphäre gestatten nun aber die Ableitung dieser Größen für den Eintritt. Die diesbezügliche rechnerische Methode enthält vorstellungsmäßig die genaue Umkehrung der Kometen- und Planetenbewegung. Durch dieselbe führt der Planet den Kometen an den Ort zurück, an welchem der Eintritt in die Aktionssphäre erfolgte. Dieser Ort ist jedoch das Ende der älteren Kometenbahn um die Sonne.

10. Planeten und Kometen im 19. Jahrhundert

a) Die Planeten

Es war sicher eine Überraschung, als man im Verlaufe des 19. Jahrhunderts feststellte, daß im Raum der Planeten noch eine weitere Körpergruppe existiert, deren Mitglieder ebenfalls so zahlreich sind „wie die Fische im Meer", nämlich die kleinen Planeten, auch Asteroiden genannt. Nach ihrer Masse und Zahl mehr den Kometen, nach Aussehen und Bahneigenschaften mehr den Planeten verwandt, bevölkern sie fast ausschließlich den Raum zwischen Mars und Jupiter. Nur wenige Perihele liegen innerhalb der Erdbahn und wenige Aphele außerhalb der Jupiterbahn. Daß sie, trotz dieser Erdnähe, bis zum 1. Januar 1801, als *Piazzi* in Palermo den ersten entdeckte, sich verborgen halten konnten, liegt an ihrer sehr geringen Helligkeit. Sie sind zum größten Teil so klein wie die Kerne größerer Kometen, entwickeln aber durch die Sonnenstrahlung keine Atmosphäre um sich. Auf den ersten von *Piazzi* aufgefundenen *Ceres* folgte die Entdeckung von *Pallas* (1802) durch *Olbers*, von *Juno* (1804) durch *Harding* und von

Vesta (1807), dem hellsten unter allen, wiederum durch *Olbers*. Zeitlich gab es dann eine größere Pause in den Neuauffindungen bis zum Jahre 1845. Späterhin vermehrte sich ihre Zahl fast ständig von Jahr zu Jahr bis auf die jetzt bekannte Gesamtzahl von rund 1600. Von diesen sind für etwa 1200 inzwischen zuverlässige Bahnen berechnet worden. Die Exzentrität ist oft wesentlich größer als bei den Planeten und reicht bis zu 0.65 (Hidalgo), desgleichen findet man größere Bahnneigungen, deren

Tabelle 6. *Daten über die Sonne*

Mittlere Entfernung Erde—Sonne	$1.4967 \cdot 10^{13}$ cm
Radius	$6.9635 \cdot 10^{10}$ cm
Masse	$1.9930 \cdot 10^{33}$ granm
Beschleunigung an der Oberfläche	$2.7410 \cdot 10^{4}$ cm sec^{-2}
Effektive Temperatur	5714 Grad absolut

Tabelle 7. *Daten über die Erde*

Äquatorradius	$6.3784 \cdot 10^{8}$ cm
Polradius	$6,3569 \cdot 10^{8}$ cm
Volumen	$1.0830 \cdot 10^{27}$ cm^3
Masse	$5.9770 \cdot 10^{27}$ granm
Beschleunigung an der Oberfläche	$9.81 \cdot 10^{2}$ cm sec^{-2}

größter Wert bei 43.°4 liegt (wiederum Hidalgo). Die Gesamtmasse sämtlicher kleiner Planeten übertrifft sehr wahrscheinlich nicht den tausendsten Teil der Erdmasse. Die Verteilung über die Periodenlängen ist sehr ungleichmäßig, es treten ausgesprochene Maxima und Minima auf, die wahrscheinlich durch den störenden Einfluß von Jupiter erzeugt worden sind.

Als der im Jahre 1781 durch *Herschel* aufgefundene Uranus ausreichend lang beobachtet worden war, um seine räumliche Bahn zu bestimmen, da zeigte es sich, daß es nicht möglich war, zwischen Theorie und Beobachtung eine genaue Übereinstimmung herzustellen. Zwei Himmelsmechaniker, der Franzose *I. J. Leverrier* (1811—1877) und der Engländer *J. Couch Adams* (1819 —1872) scheuten nicht die Mühe, die damals viel diskutierte eventuelle Existenz eines weiteren größeren Planeten, der für die gestörte Bewegung des Uranus in Frage kommen konnte,

Tabelle 8. *Daten über die Planeten*

	Siderische Umlaufszeit	Mittlere Entfernung in AE.	Exzentrizität	Neigung i	Durchmesser in km	Masse Erde = 1	Zahl der Monde
Merkur . .	0.2409	0.3871	0.20562	7° 0′ 14″	5140	0.037	—
Venus . .	0.6152	0.7233	0.00680	3 23 39	12610	0.826	—
Erde . . .	1.0000	1.0000	0.01673	—	12757	1.012	1
Mars . . .	1.8809	1.5237	0.09336	1 51 00	6860	0.108	2
Jupiter . .	11.8622	5.2028	0.04842	1 18 21	143640	318.36	12
Saturn . .	29.4577	9.5389	0.05572	2 29 25	120570	95.22	9
Uranus . .	84.0153	19.1823	0.04718	0 46 23	53390	14.58	5
Neptun . .	164.7883	30.0571	0.00857	1 46 28	49670	17.26	2
Pluto . . .	247.6963	39.4574	0.24852	17° 8′ 34″	(5000)		

Bei den Massen sind die der Monde mit eingerechnet.

rechnerisch zu verfolgen. Beide Männer kamen zu dem gleichen Resultat in Bezug auf dessen zunächst hypothetische, derzeitige Position am Himmel.

Leverrier wandte sich zwecks Aufsuchung des hypothetischen Objektes an die Beobachter der Sternwarte in Berlin, die wegen des Besitzes der besten Sternkarten die beste Gewähr für eine Auffindung gaben. Tatsächlich wurde schon in der Nacht desselben Tages, an dem der Brief des Franzosen in Berlin eingetroffen war, der neue Planet von *J. C. Galle* (1812—1910) aufgefunden. Er erhielt den Namen Neptun. Erwähnen wir an dieser Stelle gleich, daß auf ähnliche Weise noch ein weiterer Planet, nämlich Pluto, im Jahre 1930 durch *Tombough* am Flagstaff-Observatorium, Arizona, entdeckt wurde.

Es würde zu weit führen, hier alle Errungenschaften von Bedeutung aufzuführen, die im Verlaufe des 19. Jahrhunderts und später bis zu unseren Tagen im Bereiche der Erforschung des Sonnensystems erlangt wurden. Wir schließen die Betrachtung der Planeten mit einigen Tabellen ab, in denen die wichtigsten Daten, die sie betreffen, zusammengestellt sind (siehe Tabellen 6, 7, 8).

b) Die Kometen

Im Laufe des 19. Jahrhunderts wuchs das Material an berechneten Kometenbahnen mehr und mehr an, so daß allmählich auch gewisse statistische Eigenschaften der Bahnen erkannt werden konnten. Bei einer sorgfältigeren Bahnberechnung wird gewöhnlich auf die störenden Wirkungen der großen Planeten (in erster Linie Jupiter und Saturn) Rücksicht genommen. Infolge der Störungen kann ein bestimmtes Elementensystem immer nur für einen kleinen Zeitraum zutreffend sein, über einen längeren Zeitabschnitt hinweg benötigt man zur Darstellung der Bewegung deshalb einen ganzen Satz von Elementensystemen. Das in einem gegebenen Augenblick geltende System bezeichnet man als die oskulierenden Elemente. Natürlich stellen die oskulierenden Systeme nicht den Charakter der Bahn dar für Zeitabschnitte, für die sie nicht gerechnet sind, insbesondere geben sie bei den langperiodischen Bahnen keinen hinreichend genauen Einblick in die Bahnverhältnisse vor dem Eintritt des Kometen in das System der Planeten. Interessiert man sich für diese *ursprünglichen* Bahnen — und wir werden sehen, daß dafür wirklich ein großes Interesse besteht — so ist es notwendig, die Bahnbewegung zeitlich rückwärts zu verfolgen bis zu einem Zeitpunkt, für den Gewißheit besteht, daß vorher jede Störung unbedeutend klein gewesen sein muß.

Nachdem eine größere Anzahl von berechneten Bahnen sich angesammelt hatte, trat in bezug auf das wichtigste Bahnelement, die Exzentrizität e, folgendes hervor:

1. Die weit überwiegende Mehrzahl der Kometenbahnen zeigt Exzentrizitätswerte kleiner als 1, ($e < 1$).

2. Von diesen Bahnen mit $e < 1$ liegen bei dem größeren Prozentsatz die Exzentrizitäten sehr nahe an 1 und sind in den Bereich von $e = 0.95$ bis $e = 1$ eingeschlossen, es kommen aber auch Werte bis herab zu $e = 0.136$ vor.

3. Ein kleiner Anteil hat hyperbolische Exzentrizitäten $e > 1$, aber alle e liegen der Einheit sehr nahe, d. h. es sind keine ausgesprochenen Hyperbeln sondern nahezu Parabeln.

Urteilt man direkt nach diesem statistischen Ergebnis, so besagt dies offenbar, daß die meisten Kometen sich in elliptischen Bahnen um die Sonne bewegen und somit als Mitglieder des Sonnensystems zu betrachten sind. Für gewisse Kometen, wenn auch klein in der Anzahl, gilt diese Behauptung aber nicht, da sie sich in hyperbolischen Bahnen bewegten, d. h. von außerhalb in den Anziehungsbereich der Sonne eingedrungen sind. Aber dieser letzte Schluß ist doch ganz unbegründet. Es ist schon auffällig, daß die hyperbolischen Exzentrizitäten außerordentlich nahe an 1 bleiben. Nun gilt es das zu beachten, was wir vorhin bemerkten, nämlich, daß die aus den Beobachtungen abgeleiteten Bahnen nicht die ursprünglichen darzustellen brauchen und meistens auch nicht darstellen. Verschiedene Autoren haben sich nun gegen Ende des vorigen und anfangs dieses Jahrhunderts der Mühe unterzogen, für eine gewisse Anzahl anscheinend hyperbolischer Kometen die ursprünglichen Bahnen zu berechnen (*E. Strömgen, G. Fayet, G. van Biesbroeck*). Wie man schon vermutet hatte, verschwand bei diesen Rechnungen der hyperbolische Charakter der Bahnen, sie verwandelten sich in parabelnahe Ellipsen. *Wir sind danach berechtigt zu schließen, daß alle Kometen als Mitglieder des Sonnensystems anzusprechen sind.*

Die statistischen Eigenschaften der Kometenbahnen und die Versuche zu deren Erklärung werden wir später noch in einem besonderen Kapitel behandeln. An dieser Stelle soll aber kurz schon auf folgende Besonderheit aufmerksam gemacht werden, die im Verlaufe des vorigen Jahrhunderts erkannt wurde. Es stellte sich heraus, daß eine Sonderklasse von Kometen existiert, deren Mitglieder besonders kleine Perioden besitzen und die irgendwie mit dem Planeten Jupiter in Verbindung stehen müssen. Dieses letztere läßt sich deshalb vermuten, weil ihre Aphele fast ausnahmslos in der näheren Umgebung der Jupiterbahnkurve liegen. Die Umlaufszeit beträgt bei dem weit größeren Teil ungefähr die Hälfte der Jupiterperiode. Eine Sonderstellung dieser Gruppe macht sich dann noch bemerkbar, wenn man ihre Bahnneigungen mit denen bei den übrigen Kometen längerer Perioden vergleicht. Bei den langperiodischen Objekten treten alle möglichen Neigungswinkel i zwischen 0^0 bis 180^0 auf und zwar mit einer Verteilung, wie man sie bei einer rein dem Zufall überlassenen Anordnung zu erwarten hat. Bei der Jupitergruppe liegen die Verhältnisse dagegen eindeutig anders, es wird bei ihnen der Winkel $i = 45^0$ nicht überschritten und die Mehrzahl bevorzugt kleine Winkel bis zu 15^0.

III. Die Bahnen einzelner interessanter Kometen. Die Jupitergruppe

11. Der Komet von 1744

Über diesen Kometen existiert ein kleines Werkchen von etwa hundert Seiten, abgefaßt von dem Astronomen *Gottfried Heinsius* und publiziert in deutscher Sprache gegen Ende des Jahres 1744 in St. Petersburg. Nach einer kurzen Einleitung, in welcher der Autor auf einige Besonderheiten dieses Kometen hinweist, insbesondere auf die aus der Art der Bahn und der Bewegung sich ergebenden günstigen Verhältnisse für eine lange Sichtbarkeit in der Sonnennähe, werden die über einen Zeitraum von zwei Monaten selbst angestellten Beobachtungen mitgeteilt. Sie betreffen sowohl die Position des Kometenkopfes am Himmel wie auch die Form und Formänderungen des ganzen Kometenbildes. Über die Berechnung der räumlichen Bahn hinaus, wodurch die Kenntnis der gegenseitigen Abstände von Erde und Komet erreicht wird, gelingt es dem Autor dann weiterhin, aus den scheinbaren Dimensionen am Himmel die wahren Dimensionen des Kometen wenigstens angenähert richtig zu ermitteln. Er findet für den 26. Januar eine wahre Schweiflänge von 7 Millionen deutscher Meilen oder 52 Millionen km.

Zu den einleitenden Bemerkungen dieser ersten wissenschaftlichen Kometenmonographie, die anschließend zitiert werden, möge der Leser die Darstellung der Bahn in der Abb. 36 vergleichen, womit die Eigentümlichkeit der Bahn klar wird.

„Der zu Anfang dieses Jahres erschienene Komet, welcher sich durch sein Aussehen und seine Größe für viele kenntlich gemacht hat, ist besonders auch für die Astronomen merkwürdig und einer fleißigen Betrachtung würdig. Viele, ja die meisten Kometen durchlaufen, so lange sie sichtbar sind, nur einen kleinen Teil ihrer Bahn, der gewöhnlich eine solch geringe Krümmung hat, daß er von einer geraden Linie nicht allzu merklich abweicht. Es fällt deshalb oft sehr schwer, aus den Beobachtungen die wahre Bahn des Kometen zu bestimmen. Es geschieht selten, daß man einen Kometen hinlänglich lang beobachten kann, wenn er in der Nähe der Sonne durch denjenigen Teil seiner Bahn sich bewegt, wo

sie am meisten gekrümmt ist, noch weit seltener aber, daß eben
dieser Teil zur Zeit der Beobachtung eine bequeme Lage zwischen
der Erde und der Sonne hat. Gerade diese Beobachtungen über
den Teil der starken Krümmung der Bahn sind jedoch sehr ge-

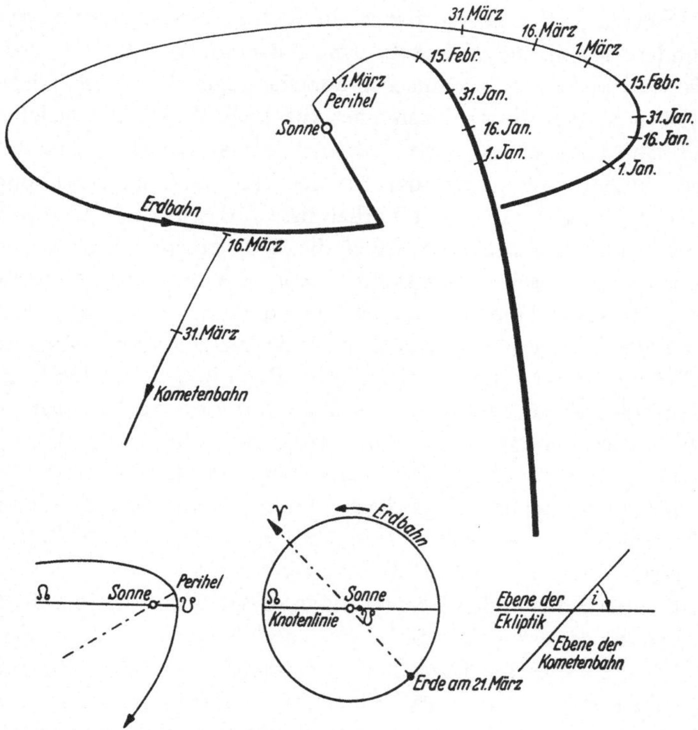

Abb. 36. Graphische Darstellung der Bahn des Kometen von 1744 in der
Nähe von Sonne und Erde.

eignet, die wahren Bewegungen und Bahnen der Kometen zu
erfassen. All diese Vorteile gewährt dieser Komet. Er hat sich
zu einer bequemen Jahreszeit eingestellt, man kann ihn in langen
Nächten am nördlichen Himmel sehen. Glücklicherweise laufen
die Erde und der Komet in ihren Bahnen so, daß letzterer sich
der Sonne nähert und der Erde doch nahe bleibt. Das Kometenlicht wurde schließlich so stark, daß man ihn am hellen Tage mit
einem Fernglas beobachten konnte".

Der zweite Teil der Heinsiusschen Monographie enthält hauptsächlich Gedanken über die stoffliche Natur der Kometenschweife. Dem Stande der Physik und der Chemie dieser Zeit entsprechend müssen die Vorstellungen über die physikalische Beschaffenheit der Schweife gemessen an unseren Ansprüchen verständlicherweise sehr vage bleiben. In einigen Punkten ist jedoch, im Anschluß an *Newtons* Ansichten, schon eine gewisse Klarheit erlangt. So wird ausgesprochen, daß die Entstehung der Kometenatmosphäre — dort Kometendünste genannt — in der Erwärmung der eigentlichen Kometenkörper ihren Ursprung hat. Ebenso wird für das Leuchten der Gase das Sonnenlicht verantwortlich gemacht. Der Autor sieht allerdings hier eine Parallele zu der Aufhellung der Erdatmosphäre durch das Sonnenlicht, was sich nach späteren Erkenntnissen nicht als zutreffend erwiesen hat. Die hohe Verdünnung der Atmosphäre wird aus der Tatsache klar, daß helle Sterne durch den Kometennebel hindurch scheinen und ihr Licht kaum eine Schwächung erleidet. Nicht wenig Raum ist Spekulationen über die Ursache der Bewegung der leuchtenden Gase zum Schweifende hin gewidmet, wodurch die Schweiferscheinung zustande kommt. Dieser Punkt ist nun aber selbst heute, mehr als 200 Jahre später, noch nicht vollständig geklärt.

Der Komet erregte dadurch noch besonderes Aufsehen, daß der Schweif zeitweise fächerförmig in fünf oder sechs Einzelschweife aufgespalten war. Beobachtet wurde dieses Phänomen am deutlichsten (am 7. und 8. März 1744) von dem Franzosen *de Chéseaux*, der das Phänomen ausführlich beschrieben hat. Die Öffnung des Strahlenfächers betrug am Schweifende etwa 35^0 bis 40^0. Zur Zeit der Beobachtung durch *de Chéseaux* befand sich die vordere Schweifhälfte mit dem Kometenkopf unterhalb des Horizontes, die Erhebung über den Horizont (Schweifende) erreichte eine Höhe von etwa 20^0. Die einzelnen Strahlen verjüngten sich von deren Enden in Richtung gegen den Kometenkopf. Außer *Chéseaux* berichten ausführlicher über die Erscheinung auch noch *de l'Isle* in St. Peterburg und Frl. *Magaretha Kirch* in Berlin. Die letzte gibt auf einer Zeichnung vom frühen Morgen des 7. März sogar 11 verschiedene Strahlen an. Vermutlich war jeder der Chèseauxschen Strahlen doppelt. *Heinsius*, der an diesem Morgen (7. März) ebenfalls nach dem Kometen Ausschau hielt, verwechselte die Erscheinung mit einem Nordlicht.

12. Der Septemberkomet 1882 II

Dieser Komet wurde gleichzeitig auf der südlichen und nördlichen Erdhalbkugel gesehen und war für längere Zeit am Tageshimmel zu erkennen, wobei seine Bewegung auf die Sonne zu
direkt verfolgt werden konnte. Abb. 37 zeigt einen Teil seiner
scheinbaren Bahn am Himmel.

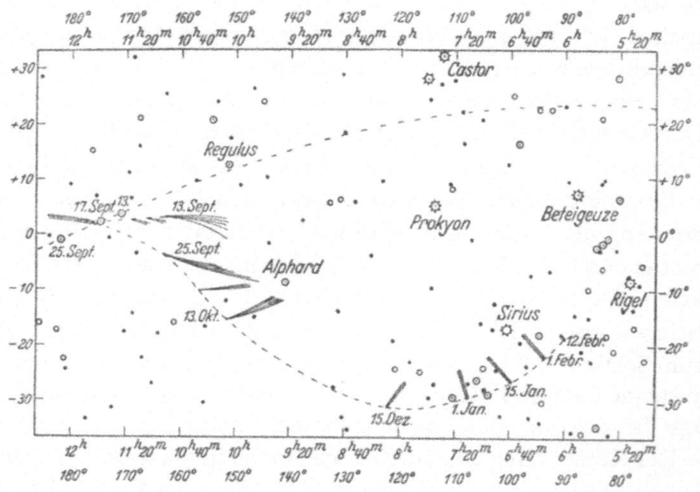

Abb. 37. Scheinbare Bahn des großen Septemberkometen von 1882.

Die erste Entdeckung wurde auf der Südhalbkugel und zwar
am 1. September von der Besatzung eines Schiffes im Golf von
Guinea gemacht. Nach dem 3. September ist er dann allgemein
in Südamerika, Südafrika und Australien bemerkt worden. Er
stand für diese Beobachter am nordöstlichen Morgenhimmel.
Man bemerkte, daß er von Tag zu Tag sich mehr und mehr auf
die Sonne zu bewegte. In Europa wurde er erst am 17. Sept. vor-
mittags gesehen und dann auch nur an wenigen Orten, da allgemein trübes Wetter herrschte. Beobachtungen scheinen an
diesem Tage außer in Cordoba in Argentinien nur in England
und in Spanien gelungen zu sein. Um 2 Uhr Berliner Zeit stand
der Komet nur noch um etwa den doppelten Sonnendurchmesser
von der Sonne ab (siehe Abb. 39) und er bewegte sich schnell auf

die Sonne zu, deren südwestlichen Rand er um 4h 30 m mit
seiner Spitze erreichte. Sichtbar waren vom Kometen nur die vor-
dersten Teile des Schweifes, der Rest wurde durch das Tageslicht
überstrahlt. Wie die spätere Bahnberechnung zeigt, lief der Komet bei seinem ersten Eintritt in die Sonnenscheibe vor der Sonne
her, er war aber während dieser Passage weder als heller noch als

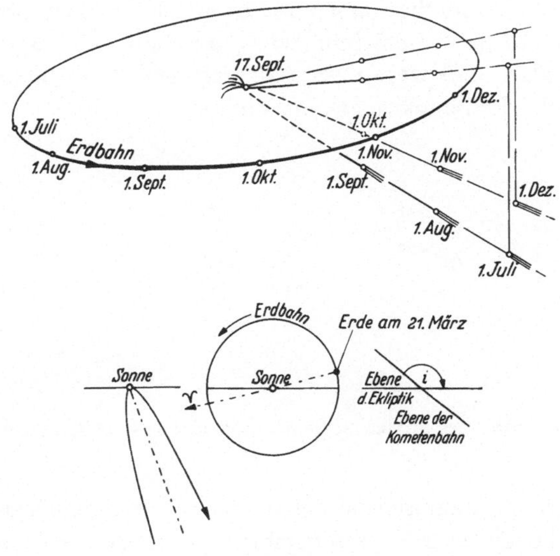

Abb. 38.
Bahn des großen Septemberkometen 1882 in der Nähe von Sonne und Erde.

dunkler Fleck zu sehen. Der Austritt aus der Sonnenscheibe erfolgte 5h 47m am östlichen Rand. Die nach Nordosten zielende
Bewegung setzte er für etwa 50 Minuten fort, wonach er um-
kehrte und dann um 8 Uhr wiederum „in der Sonne" verschwand,
diesmal für zwei Stunden.

In seiner nächsten Annäherung an die Sonne (Perihel, siehe
Abb. 39) stand der Komet vom Sonnenrand um nur 460000 km
ab. Die äußere Sonnenatmosphäre endigt aber nicht dort, wo wir
infolge eines sehr raschen Helligkeitsabfalls einen Rand der Sonne
wahrnehmen. Letzterer ist im gewissen Sinne nur scheinbar. Die
Gasatmosphäre der Sonne reicht weit darüber hinaus, wenn auch

mit stetig abfallender Gasdichte. Man bezeichnet diese über den scheinbaren Sonnenrand hinausgehende verdünnte Atmosphäre als die Sonnenkorona, die bei totalen Sonnenfinsternissen, wenn der Mond gerade die Sonnenscheibe abdeckt, als helleuchtender Kranz erkennbar wird (vgl. dazu Abb. 40). Vergleicht man die Abbildungen 39 u. 40 mit einander, so erkennt man, daß der Komet in seinem Perihel durch die mehr außen liegende Region der Korona hindurchgegangen ist. Er erfuhr darin aber trotzdem keine merkliche Geschwindigkeitsverminderung, was sich dadurch erklärt, daß wegen der sehr geringen Gasdichten in der Korona der Reibungswiderstand nur sehr klein ist.

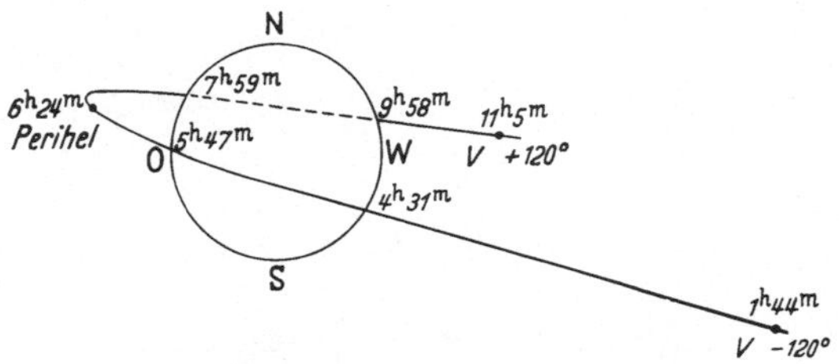

Abb. 39. Bahn des großen Septemberkometen 1882 nahe der Sonne.

Es ist jedoch überraschend, daß der Kometenkörper (Kern) diese Passage, bei der er einer Temperatur von nahezu 6000 Grad ausgesetzt war, überstanden hat. Diese Tatsache ist sehr aufschlußreich in Hinsicht auf die Konstitution der Kernkörper. Es ist vielfach angenommen worden, daß die Kometenkerne nicht aus einem größeren kompakten Materieklotz sondern möglicherweise aus einer Unzahl von kleinen Brocken und Bröckchen bestehen, von vielleicht nicht mehr als einigen cm Durchmesser. Es ist aber sicher, daß Teilchen von solch kleinen Dimensionen einer intensiven Bestrahlung, wie sie der Komet hier für Stunden ausgesetzt war, nicht widerstanden hätten und vollständig verdampft wären. Anders liegt dagegen der Fall, wenn wir uns den Kern als einen Stein-Metallbrocken von einigen oder vielen km Durchmesser vorstellen. Für die Zeit des Vorbeiganges an der Sonne wird dann wohl eine äußere, dünnschichtige Kruste auf eine hohe Temperatur und damit zur Verdampfung gebracht, die geringe

Wärmeleitfähigkeit des Materials verhindert aber ein tieferes Eindringen der Wärme.

Ganz ohne Schaden hat der Komet den Durchgang durch die Sonnenkorona doch nicht überstanden. Der Kern wurde dabei in mehrere Teile aufgebrochen. Schon gegen Ende September, als er wieder am Nachthimmel stand, fiel den Beobachtern eine Verlängerung des sonst punktförmigen Kernes auf. In größeren Refraktoren wurde erkannt, daß die „Kernlinie" nicht weniger als fünf bis sechs hintereinander liegende Lichtpunkte aufwies,

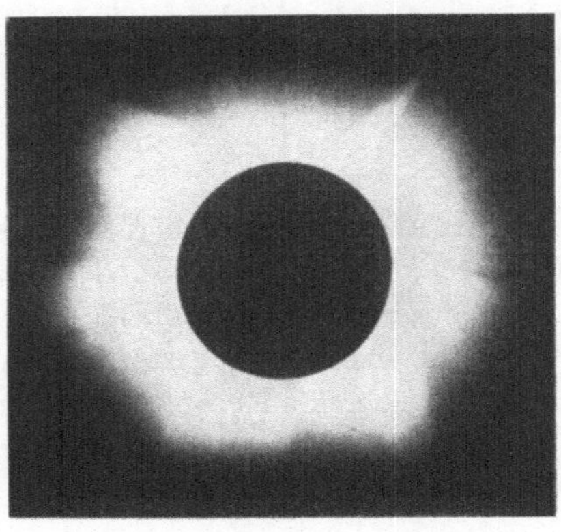

Abb. 40. Anblick der Sonnenkorona bei einer Sonnenfinsternis.

von denen insbesondere zwei von größerer und angenähert gleicher Helligkeit waren und mehr zwei ausgedehnte Lichtballen darstellten. Jeder dieser beiden hellen Teilkerne entwickelte einen eigenen Schweif. Die Trennung der Nebenkometen voneinander erfolgte, wie die Berechnungen zeigten, mit relativ kleinen Geschwindigkeiten, die etwa in der Höhe von 1 m in der Sekunde lagen.

Die Berechnung der Bahn (*H. Kreutz*) ergab eine Umlaufsperiode von 772 Jahren, die aber möglicherweise um 50 Jahre falsch sein kann. Es ist eigentümlich, daß nicht weniger als fünf andere Kometen bekannt geworden sind, deren Bahnelemente auffallend nahe untereinander und mit dem hier besprochenen übereinstimmen (siehe Tabelle 9). Die Exzentrizitäten e = 1 in der Tabelle 9 bedeuten nur, daß e sehr nahe an 1 liegen muß.

Es liegt die Vermutung nahe, daß die Glieder dieser Gruppe sämtlich vor tausenden von Jahren durch eine Zersplitterung eines größeren „Mutterkometen" bei einem Periheldurchgang entstanden sind und, wie bei dem Kometen von 1882 beobachtet, sich bei späteren Perihelpassagen noch weiter zerteilen werden.

Tabelle 9

Komet	$\omega+\Omega=\pi$	Ω	i	q	e
1668	248.8	358.6	144.3	0.0666	1
1843 I	278.7	1.3	144.3	0.0055	0.9999
1880 I	279.9	6.1	144.7	0.0055	1
1882 II	276.4	346.0	142.0	0.0077	0.9999
1887 I	266.2	324.6	128.5	0.0097	1
1945 g	270.7	321.6	137.0	0.0063	1

Über die eigentlichen Dimensionen der Kometenkerne bleiben wir sehr im Ungewissen. Es liegt kein Grund vor, anzunehmen, daß diese nicht sehr verschieden sein können. Was wir als hellen Kern in einem Fernrohr wahrnehmen, ist durchaus nicht durch die lineare Ausdehnung des festen Kernblocks bestimmt, sondern vielmehr durch eine den eigentlichen Kern umhüllende dichtere Atmosphäre.

13. Der Komet 1861 II

Der gerade beschriebene Komet 1881 II verdankt seine zeitweilig hohe Helligkeit einer starken Annäherung an die Sonne. Der helle und große Komet 1861 II stand im Perihel um fast das Hundertfache weiter von der Sonne ab als der erstgenannte am Tage seiner höchsten Helligkeit. Man kann also nicht sagen, daß er sehr nahe an die Sonne herankam. Nichtsdestoweniger erschien er den Beobachtern auf der Erde kaum wesentlich lichtschwächer, er war zwar nicht in vollem Tageslicht, aber noch in der Dämmerung zu sehen. In seinen scheinbaren Dimensionen am Himmel übertraf er den Septemberkometen von 1882 ganz beträchtlich. Dieser Komet (1861 II) gibt das Beispiel einer besonders starken Annäherung an die Erde. Er trat für die Bewohner der nördlichen Erdhalbkugel sehr plötzlich auf.

In den folgenden Zeilen wiederholen wir wörtlich den ge-
druckten Bericht des Astronomen *J. Schmidt* über die ersten Beobachtungen des Kometen nach seinem Auftauchen, die in Athen
bei günstigen atmosphärischen Verhältnissen gemacht werden
konnten. Die in Klammern gesetzten Bemerkungen sind von uns
zur weiteren Erläuterung hinzugefügt.

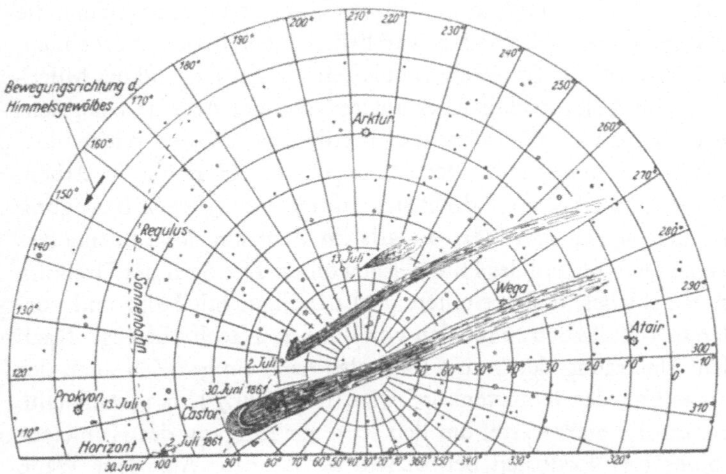

Abb. 41. Der große Komet 1861 II in drei Stellungen seiner scheinbaren
Bahn am Himmel.

„Am Sonntage den 30. Juni abends gegen $8^{1}/_{2}$ Uhr zeigte sich
am nordwestlichen Horizont Athens ein Komet von ungeheuren
Dimensionen. Als die Dämmerung noch nicht hinter dem Parnas
erloschen war, benachrichtigte man mich von der Erscheinung,
und ich darf wohl behaupten, daß kaum eine andere Überraschung
einen tieferen Eindruck zu bewirken im Stande gewesen wäre.
Noch die Nacht zuvor bei völliger und höchster Reinheit des
Himmels hatte ich keine Spur des Kometen bemerkt. (Der Komet
trat also für diese Gegend der Erde plötzlich von einer Nacht zur
andern auf.) Jetzt zeigte sich plötzlich die große majestätische Gestalt am Himmel, vom Horizonte bis weit über den Polarstern,
über Lyra hinaus den Schimmer des Schweifes verbreitend. (Man
vgl. die Abb. 41.) Es war, um mit dem Ausdruck vergangener

Zeiten zu reden, ein Komet von wahrhaft furchtbarem Aussehen. Um 9 Uhr stand der mondgroße Kopf dem Rande des Parnas schon nahe, er erschien nebst dem sehr breiten unteren Teile des Schweifes ähnlich einer bedeutenden fernen Feuersbrunst, deren vom Winde seitlich und schräg aufwärts getriebenen Rauchmassen gleichmäßig vom Feuer erleuchtet werden. (Der Kopf von der Größe des Mondes ist der vordere Teil der stärksten Schwärzung im Kometenbild der Abb. 41.) Als der Kopf untergegangen und die Dämmerung verschwunden war, ließ sich bereits leicht erkennen, daß das Ende des Schweifes mindestens bis zur Gegend der Milchstraße im Adler reichte. (Der untere Rand der Abb. 41 entspricht in etwa dem von Westen über Norden nach Osten reichenden, durch Gebirgszüge im Norden begrenzten Horizont in Athen. Das sichtbare Sternfeld dreht sich infolge der täglichen Bewegung um den neben dem Stern Polaris im Zentrum des Liniennetzes liegenden Nordpol des Himmelsgewölbes. Der Sinn der Drehung ist ein solcher, daß der untere Teil der Figur mit Kopf und vorderem Teil des Schweifes sich von links nach rechts bewegt. Nach dem Untergang der Sonne folgt also nach einiger Zeit auch der Untergang des Kometenkopfes am Horizont.) Um 11 Uhr eilte ich auf die Sternwarte, um den späteren Aufgang des Kometenkopfes im Nordosten beobachten zu können. Auf dem Wege durch die zu solcher Nachtstunde sonst ganz menschenleere Stadt bemerkte ich noch manche Personen, die neugierig sich nach freigelegenen Plätzen begaben, um den außerordentlichen, glanzvoll im Norden senkrecht aufsteigenden Lichtstreifen näher zu betrachten. Am Theseustempel angekommen, fand ich eine Gruppe von Personen, deren Stellung und Bewegung auch ohne astronomische Messung einen Schluß auf die enorme Länge des Schweifes gestattete. Denn während einige den Blick auf den nördlichen Horizont richteten, unter welchem der Kopf des Kometen stand, schauten andere, jenen den Rücken wendend, nach Süden, um dort, wenig über der Akropolis, das Ende des Schweifes zu ermitteln, über dessen Lage gestritten ward.

Um Mitternacht und etwas später stand der Schweif nahe senkrecht gegen den nördlichen Horizont, sein glänzendster Teil und der Kern unsichtbar (unter dem nördlichen Horizont). Der Schweif 30^0 über das Zenith nach Süden ziehend. Um 14 Uhr 27 kam der Kometenkopf wieder zum Vorschein, nachdem die hellsten Teile des Schweifes sich schon erhoben hatten und einen wenn auch schwachen so doch deutlichen Schatten zu werfen vermochten. So hell war weder der große Komet im März 1843 noch Donatis Komet im Oktober 1858. Den Aufgang des Kernes über dem Parnas bei Tatoi sah ich mit freiem Auge, ein außerordentliches, unvergleichliches Phänomen, wie ein trübes, mit Rauchwirbeln aufsteigendes Feuer schwebte die große Lichtmasse über dem tiefdunklen Rand des Gebirges. Mit der Zunahme der Morgendämmerung schwand allmählich der Schweif. Um 5 Uhr 35 sah ich nur noch die vier ersten Grade des Schweifes. Um 6 Uhr 8, als ich nordöstlich in der Morgenröte allein noch Capella sehen konnte, leuchtete der Kern noch deutlich und erst um 6 Uhr 15, d. h. 27 Minuten vor dem ersten Sonnenstrahl an den attischen Bergen, verlor ich ihn aus dem Gesichtsfelde."

Das plötzliche Auftauchen dieses Kometen für die Bewohner der nördlichen Halbkugel der Erde hängt damit zusammen, daß derselbe die Erdbahnebene von Süden nach Norden fast senkrecht durchstieß. Der Durchstoßungspunkt lag innerhalb der Erdbahn und relativ nahe der Stellung der Erde zur Zeit des Durchtritts. Die Abb. 42 gestattet einen raschen Überblick über die Lage der Kometenbahn relativ zur Erdbahn und die Bewegung von Erde und Komet für den Zeitabschnitt der guten Sichtbarkeit. Für das Zeitintervall vom 15. April 1861 bis 15. August 1861 sind für eine Anzahl von Tagen die Positionen der Erde und des Kometen in ihren Bahnen angegeben. Der Komet durchstieß die Erdbahnebene am 28. Juni. Von der Erdbahn stand der Kometenkern zu diesem Zeitpunkt weniger als 15 Millionen km ab. Diesen nächsten Punkt der Annäherung der *Erdbahn* an die *Kometenbahn* erreichte die Erde jedoch erst zwei Tage später am 30. Juni, um welche Zeit der Komet sich schon wieder eine merkliche Strecke über die Erdbahnebene erhoben hatte. Der Schweif hat sich ohne Zweifel über die Erdbahn hinaus erstreckt, so daß Teile desselben die Erdbahn geschnitten haben müssen.

Am 30. Juni, für welchen Tag bzw. die daran anschließende Nacht die oben erwähnten Athener Beobachtungen gelten, stand die Erde in der Ebene der Kometenbahn. Das Dreieck, gebildet von den Verbindungslinien Sonne—Komet, Komet—Erde und

Erde — Sonne fiel nämlich mit seiner Fläche auf die Fläche der erweiterten Kometenbahnebene. In der Abb. 43 ist diese Ebene identisch mit der Zeichenebene. An Hand dieser kleinen Zeichnung und der anschließenden Abb. 44 wird verschiedenes ohne weiteres verständlich, was die oben mitgeteilten Beobachtungen des Athener Astronomen enthalten.

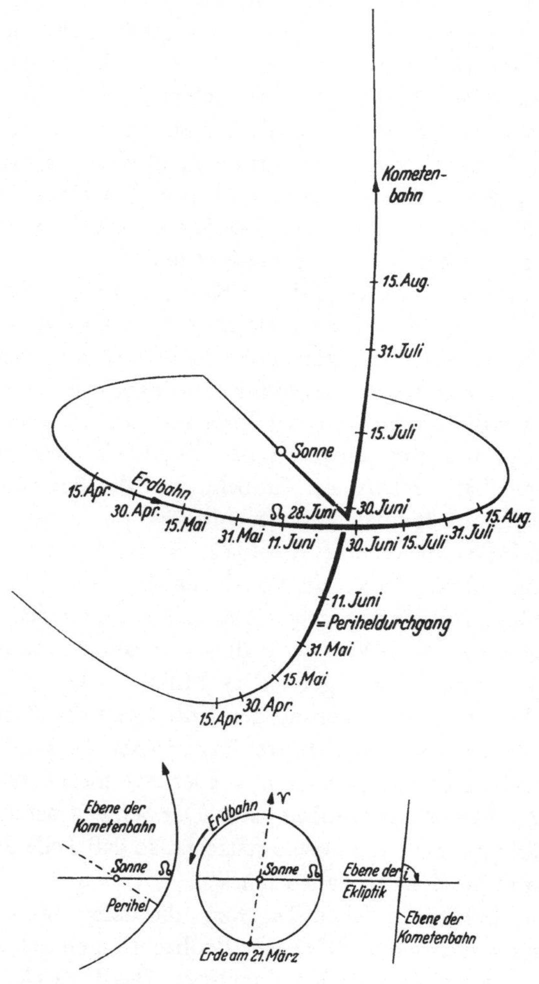

Abb. 42. Bahn des großen Kometen 1861 II nahe der Erdbahn.

In der Abb. 43 blicken wir aus großer Entfernung senkrecht auf die (erweiterte) Kometenbahnebene. Die gestrichelte Pfeilrichtung an der Erde bezeichnet die Richtung der Erdachse und die den Erdkörper tangential berührenden Grade die Lage des Horizontes für die Erdbreite von Athen. Diese Lage gilt für Mitternacht. Bei der angegebenen Position des Kometen auf seiner Bahnkurve, die den späten Abendstunden des 30. Juni 1861 entspricht, muß die Spitze (Kopf) des Kometen um die Mitternachtstunden für die eingezeichnete Horizontlage unsichtbar werden, während der Schweif fast in seiner ganzen Ausdehnung über dem Horizont bleibt und sich in der Projektion auf den Himmelshintergrund, senkrecht auf dem nördlichen Horizont stehend, über den Nordpol der Himmelskugel hinziehen muß. In der Sternkarte der Abb. 41 hat man, um die entsprechende Darstellung zu erhalten, das ganze Feld um den Him-

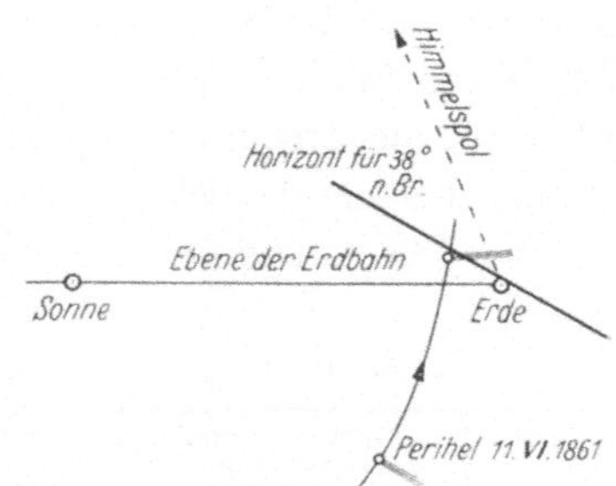

Abb. 43. Siehe Text.

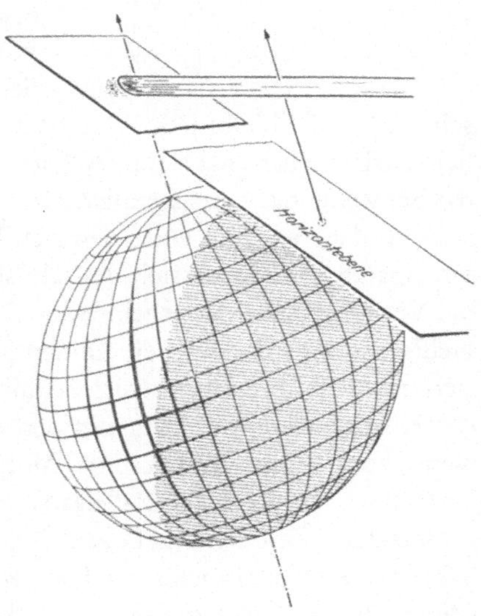

Abb. 44. Siehe Text.

melspol um etwa 20° gedreht zu denken, wie schon oben bemerkt wurde. Man wird sich an Hand der beiden Abb. 43 und 44 auch leicht klar machen können, daß mit einer Kippung der am Erdkörper fest haftenden Horizontebene infolge der

Erdrotation einige Stunden nach Mitternacht der Kometenkopf
wieder über den Horizont kommt. Dieser Übertritt des Kometenkopfes über den Horizont geschieht an diesem Tage zeitlich
merklich früher als für die Sonne. Denken wir uns jedoch den
Kometenkopf auf der Bahnkurve etwas mehr als halbwegs bis zur
Erdbahnebene (Verbindungslinie Erde—Sonne) verschoben zu
einer Lage, die der Stellung am 29. Juni entspricht, so treten Komet
und Sonne bei der täglichen Drehung des Erdkörpers nahezu
gleichzeitig über und unter den Horizont. Es wird somit auch verständlich, daß der Komet an diesem Tage bzw. der darauf-
folgenden Nacht noch nicht in die Augen fiel, er stand für diese Breite noch am Tageshimmel. Man könnte vielleicht erwarten, daß in der Nacht vom 29. zum 30. Juni zumindest der Schweif hätte sichtbar sein sollen.

Tabelle 10

Zeit	Abstände r und Δ zur Sonne bzw. Erde	
	r	Δ
28. Juni	0.88	0.12
8. Juli	0.96	0.29
15. Juli	1.03	0.48
31. Juli	1.22	0.90

Es bleibt jedoch zu bedenken, daß infolge der sicherlich vorhandenen, nach „unten" gerichteten Schweifkrümmung,
das Schweifende wahrscheinlich noch unter der Erdbahnebene lag.

Nach dem 30. Juni entfernen sich Komet und Erde sehr rasch
voneinander, wodurch sich der sehr schnelle Helligkeitsabfall und
die Verminderung der scheinbaren Dimensionen erklären. Wahre
Helligkeit und die wahren Dimensionen des Kometen werden
sich zunächst nur sehr wenig vermindert haben, da die Distanz
des Kometen von der Sonne in den ersten Wochen des Juli nur
wenig zurückging. Im Laufe des Monats Juli vergrößerte sich die
Erddistanz des Kometen auf das sechs- bis siebenfache, während
in derselben Zeit seine heliozentrische Distanz nur um 50% zu-
nahm (vergleiche Tabelle 10). Die kleinste Entfernung zur Sonne
(Periheldurchgang) hatte er am 11. Juni, zu welcher Zeit er sich
noch weit unterhalb der Erdbahnebene befand.

Wie schon bei manchen früheren Gelegenheiten so wurde auch
bei diesem Kometen festgestellt, daß die Ausströmung der leuchtenden Materie aus dem Kometenkern in voneinander getrennten
Büscheln oder Strahlen vor sich ging. Außer dem schon genannten
J. Schmidt haben in der ersten Nacht der Beobachtung am 30. Juni

86

auch die russischen Astronomen *Schweizer* und *Bredichin* vier bis fünf getrennte Ausströmungsbüschel festgestellt. Letztere geben davon eine Zeichnung, die man in der Abb. 45 findet. Es ist zu beachten, daß diese sich nicht auf den ganzen Kometen und nicht einmal auf den ganzen Kometenkopf bezieht, sondern nur den innersten, näher am Kern gelegenen Teil. Eine ganz ähnliche Darstellung ist auch in der Publikation von *J. Schmidt* zu finden. In Form und Richtung waren diese „jets“, wie sie gewöhnlich bezeichnet werden, veränderlich und vergrösserten schon im Laufe von wenigen Stunden merklich ihre Dimensionen, wobei dann zusätzlich neue hinzutraten. Die Ausströmungen wachsen nach der Sonnenseite hin aus dem Kern oder dessen nächster Umgebung heraus. Deren eigentümliche Anordnung in der Abb. 45 erklärt sich aus den besonderen perspektivischen Verhältnissen. Am 30. Juni stand der Kometenkern zwischen Erde und

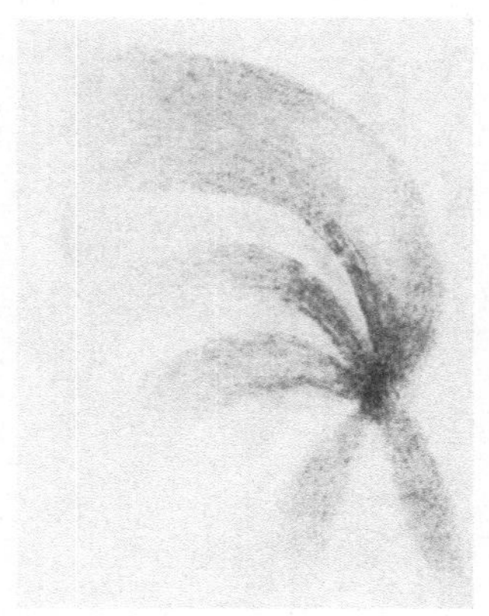

Abb. 45.
Ausströmungsbüschel beim
Kometen 1861 II am 30. Juni.

Sonne, und (wie aus der früheren Abb. 43 sofort erkenntlich wird) die Blickrichtung des Beobachters zum Kometenkern bildete nur einen kleinen Winkel mit der Schweifachse, nämlich 25^0, man sieht den Kometenkopf sozusagen durch den Schweif hindurch. Die Entfernung des Kernes von der Erde war in dieser Nacht nur 0.13 Astr. Einh.

Infolge der schnellen Veränderung der gegenseitigen Lage von Erde und Komet war in der nächsten Nacht der Winkel zwischen Gesichtslinie und Radiusvektor schon so sehr angewachsen, daß wieder mehr normale Projektionsverhältnisse vorlagen. Von der Figur des Kopfes in der Nacht des 1. Juli liegt eine Zeichnung des italienischen Astronomen *Secchi* vor, die mehr als ein Dutzend getrennter Ausströmungen zeigt (siehe Abb. 46), die sämtlich in dem Halbraum liegen, welcher der Sonne zugewandt ist, und die zum Teil in einen ausgebildeten, parabolischen Lichtbogen

einmünden. Auch von diesem Autor wird betont, daß die Licht-
büschel schnellen Veränderungen unterworfen waren.

In der ersten Nacht (30. Juni) ging der Schweif des Kometen
für kurze Zeit „über die Köpfe der Beobachter" hinweg. Fast um
dieselbe Zeit, als *Schweizer* und *Bredichin* in Moskau die fünf-
blättrige Ausströmung zeichneten, betrachteten zwei Engländer

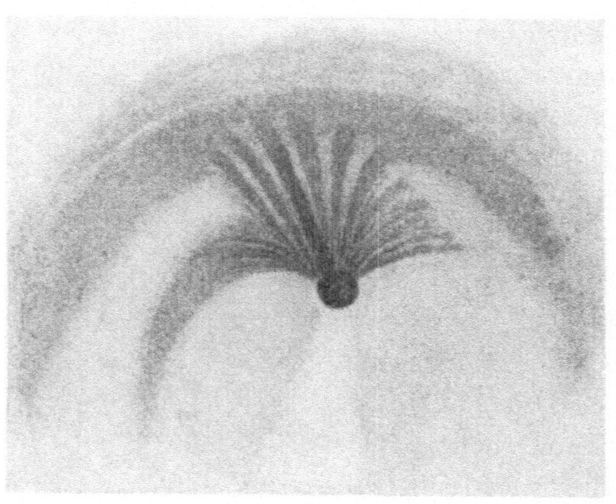

Abb. 46. Ausströmungen beim Kometen 1861 II am 1. Juli.

unabhängig voneinander die genaue Form des Schweifes „über
ihren Köpfen", von der sie ebenfalls Zeichnungen anlegten. Der
Schweif zeigte die Form eines Fächers, der sich vom Kometenkopf aus öffnete bis zu einem Winkel von 77^0. Derselbe wurde
gebildet von fünf isolierten Strahlen von etwa 45^0 Länge. Eine
später durchgeführte Bearbeitung der Moskauer und der eng-
lischen Beobachtungen durch *Bredichin* hat ergeben, daß die fünf
Schweifbüschel die Fortsetzungen der fünf am Kern vorhandenen
Ausströmungen darstellten.

14. Der Komet 1889 V (Brooks)

Eine ähnliche starke Umwandlung seiner Bahn wie der in der
Ziffer 9 erwähnte Komet Lexell erfuhr der Komet Brooks 1889 V
im Jahre 1886, wodurch er ebenfalls erst in eine Bahn gelangte,
in welcher seine Beobachtung von der Erde aus möglich wurde.

Wir werden den Vorgang der Bahnumwandlung bei diesem Kometen an einer Reihe von Zeichnungen näher erläutern. Diese sind nach numerischen Daten (Bahnelementen) angefertigt, die von dem amerikanischen Astronomen *C. L. Poor* im Jahre 1894 berechnet und publiziert wurden.

Das äußere Kurvenstück rechts in der Abb. 47, gekennzeichnet durch einige Kometenstellungen, ist ein Teil der ursprünglichen Bahn. Sie endet in der Figur oben dort, wo der Eintritt des Kometen in die Attraktionssphäre (siehe Ziffer 9) des Planeten Jupiter vor sich ging. Der Komet hat hier den langsamer laufenden Planeten (zweites, kreisbahnförmiges Kurvenstück) nahezu eingeholt. Nach den Daten von *Poor* erfolgte der Eintritt in die Attraktionssphäre am 24. März 1886. Für den Zeitabschnitt der Jupiternähe ist der Bahnverlauf des Kometen in der Figur ausgespart und wird erst wieder fortgesetzt nach dem Austritt aus dem Aktionsbereich des Planeten am 26. Oktober 1886. In diesem Zeitpunkt geht der Komet in die innen links eingezeichnete Bahnellipse über.

Die an den verschiedenen Kometen- und Planetenstellungen angegebenen Zeitintervalle zählen vor der Störung vom 24. März ab (Tag Null) rückwärts, nach der Störung vom 26. Oktober vorwärts. Vor der Störung ist die Bahngeschwindigkeit des Kometen wesentlich (mehr als das Zehnfache) größer als die des Planeten, nach der Störung dagegen ein wenig kleiner. Die Störung hat einen Übergang in eine Ellipse mit einer kleineren Hauptachse bewirkt. In der älteren Bahn befand sich der Komet am 24. März kurz vor seinem Perihel, das etwa halbweges zwischen den Jupiterstellungen vom 24. März und 26. Oktober lag. Wie man an der Lage der zweiten Bahn (nach dem 26. Oktober) sofort bemerkt, hat diese in dieser Umgebung dagegen ihr Aphel. Um einem Irrtum vorzubeugen sei bemerkt, daß dieses (angenäherte) Zusammenfallen des Perihels der alten Bahn mit dem Aphel der neuen Bahn nicht etwa eine Regel ist. Es hängt dies vielmehr nur mit der speziellen Art der Umwandlung im vorliegenden Beispiel zusammen.

Wir haben uns wegen der geringen Neigungen der drei Bahnebenen gegen die Erdbahnebene (Ekliptik) die Freiheit genommen, bei der Konstruktion der Figur von diesen abzusehen. Wenn wir jetzt den Vorbeigang des Kometen an dem Planeten etwas genauer betrachten, so können wir diese Vereinfachung nicht mehr beibehalten.

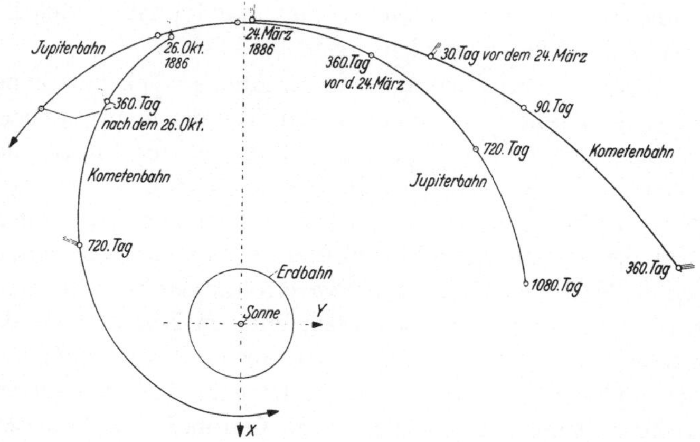

Abb. 47. Jupiterstörung des Kometen 1889 V *(Brooks)*.

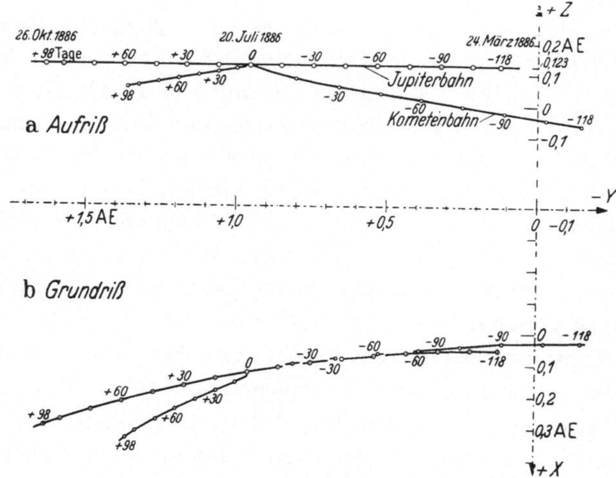

Abb. 48. Die Annäherung des Kometen 1889 V an den Planeten Jupiter dargestellt in einem „Aufriß" und „Grundriß".

In der Abb. 48a sind die Wege von Planet und Komet zwischen dem 24. März und 26. Oktober in einem „Aufriß" dargestellt, so wie man dieselben von der Sonne aus betrachtet sehen würde.

Zur deutlichen Darstellung des Bahnverlaufes in der Zeit der größten Annäherung der beiden Körper (um den 20. Juli) werden wir in einer späteren Figur zu einem nochmals größeren Maßstab übergehen. Der „Grundriß" in der Abb. 48b (Blick auf die Ekliptikebene) entspricht in vergrößertem Maßstabe dem in der ersten Zeichnung Abb. 47 ausgelassenen Teil der Kometenbahn bei der Begegnung. Die in Abb. 48 angeschriebenen Zeitintervalle ($+$30, $-$30 usw. Tage) sind vom 20. Juli aus gezählt.

Bei dem hier benutzten Maßstab beginnt sich der Einfluß des Planeten auf die Neigung der Kometenbahn bei der Annäherung etwa erst im Punkte $-$30 bemerkbar zu machen. Der Komet wird durch den Planeten „angehoben" und zwar, wie sich in einer Zeichnung weiter unten zeigt, über ihn selbst hinweg. Danach sinkt der Komet wieder ab. Das Ansteigen der Bahn des Kometen die sich zwischen den Punkten $-$118 bis $-$30 zeigt, ist also nicht auf die anziehende Wirkung des Jupiter zurückzuführen, sondern entspricht der räumlichen Lage (Neigung) der ursprünglichen Kometenbahn. Die Neigung der Kometenbahn bleibt wie vor der Umwandlung so auch nach derselben gering.

Die nächsten Abb. 49a und 49b zeigen im Aufriß und Grundriß die Bahnen in der Umgebung der größten Annäherung des Kometen an den Planeten. Die eingezeichneten Kurvenstücke werden innerhalb von vier Tagen durchlaufen. Die mit o bezeichneten Stellungen entsprechen dem Moment der geringsten Distanz der beiden Körper. Um den Verlauf der Bahnen der Anschauung noch näher zu bringen, ist in der nächsten Abb. 50 der Versuch einer räumlichen Darstellung gemacht. Der Blick ist von oberhalb der Jupiterbahnebene schräg nach unten gerichtet. Zur Verstärkung einer räumlichen Wirkung der Zeichnung ist die Kometenbahn als der obere Rand eines sich nach hinten stark verjüngenden Bandes gezeichnet worden. Aus demselben Grunde wurde die Jupiterbahn an einen „Lattenzaun" angeheftet, dessen Latten das hinter diesem liegende Bahnstück des Kometen zum Teil verdecken.

Wir erwähnten oben schon, daß bei einem Übergang von der Sonne auf den Planeten Jupiter als Zentralkörper die Bahn des Kometen innerhalb der Aktionssphäre eine Hyperbel wird. Den innersten Teil dieser Hyperbel haben wir in der Abb. 51

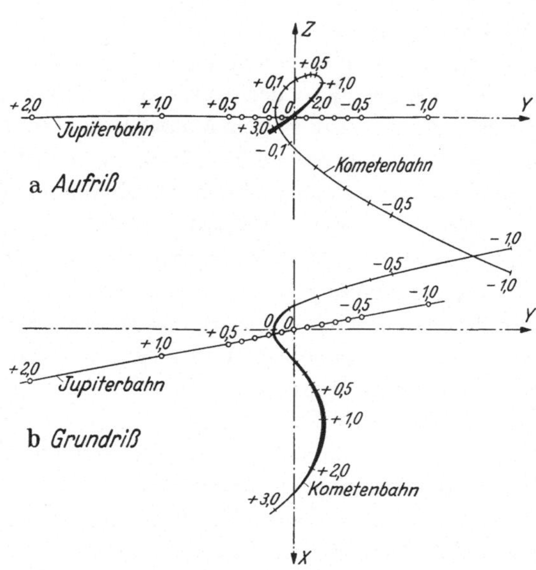

Abb. 49. Jupiterstörung des Kometen 1889 V. „Aufriß" und „Grundriß" der innersten Bahnteile.

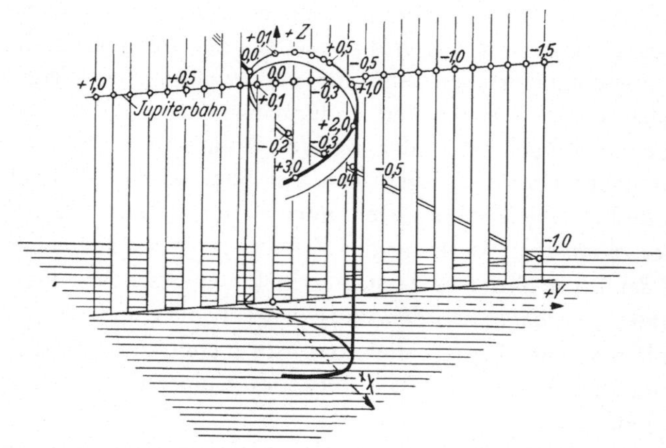

Abb. 50. Räumliche Darstellung der Jupiterannäherung des Kometen 1889 V. (Die zeitlich sich entsprechenden Stellungen von Komet und Planet sind durch gleiche Zahlen —1.0, —0.5 usw. gekennzeichnet.)

dargestellt. Die eingezeichnete Kreisbahn ist die Bahn des I. Jupitermondes. Der Komet kam also näher als dieser Mond an den Planeten heran. Der erste Jupitermond steht bereits nahe an dem Planeten, sein Bahnradius beträgt nur rund das 6fache des Radius des Planeten selbst, weshalb dieser in der Abbildung auch schon als ausgedehnter Körper zur Darstellung kommt. Wie die Zeichnung zeigt, durchstieß der Komet die Bahnebene dieses Mondes

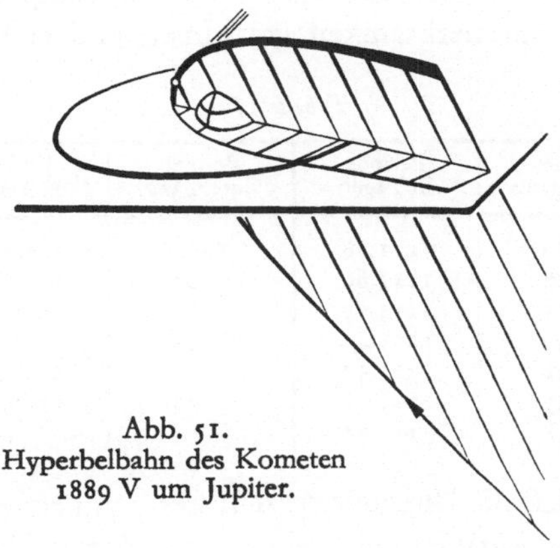

Abb. 51.
Hyperbelbahn des Kometen
1889 V um Jupiter.

weit innerhalb dessen Bahnkurve. Der dem Planeten nächste Punkt der Hyperbelbahn liegt dort, wo die Kometenstellung eingezeichnet ist, also oberhalb der Mondbahn, was gleichzeitig oberhalb der Jupiterbahnebene bedeutet, da die Bahnebene des I. Mondes nur sehr wenig gegen diese geneigt ist. Letzteres gilt für alle Satelliten von I bis V. Der Komet steigt steil in die Höhe über die Mondbahnebene. In der Fortsetzung der Hyperbelbahn „fällt" er jedoch später wieder unter diese herab.

15. Der Komet Encke

Der Enckesche Komet hat von allen Kometen mit 3.28 Jahren die kleinste Periode. Er wurde zuerst gesehen von den Franzosen *Mechain* und *Messier* im Jahre 1786, aber nur sehr kurz. Bei der zweiten und dritten Auffindung in den Jahren 1795 und 1805 waren die Beobachtungen wiederum zu wenig zahlreich, um eine zuverlässige Bahn berechnen zu können. Das gelang erst im Jahre 1818 und zwar durch *Encke*, der eine Periode von rund 3.3 Jahren und damit erst die Identität mit den Erscheinungen von 1795 und 1805 feststellte. Obwohl der Komet selbstverständlich stets nach 3.3 Jahren zum Perihel zurückkehrt und die Bahn ganz innerhalb der Jupiterbahn bleibt, so ist er wegen seiner Schwäche nicht ständig von der Erde aus beobachtbar. *Encke* (1791—1865) hat der Bahn dieses Kometen und dessen Störungen Zeit seines Lebens große Aufmerksamkeit gewidmet, und er kam dabei zu

Tabelle 11

Perihel-durchgang	Periode in Tagen	Perihel-durchgang	Periode in Tagen
1819	1211.78	1842	1210.98
1822	1211.66	45	1210.88
1825	1211.55	48	1210.77
1829	1211.44	52	1210.65
1832	1211.32	55	1210.55
1835	1211.22	58	1210.44
1838	1211.11		

dem Schluß, daß die Umlaufszeit sich stetig um etwa 2.5 Stunden pro Periode verkürze (siehe Tabelle 11). Zur Erklärung dachte man an ein „widerstehendes Mittel" aus Gas oder Meteoriten im planetarischen Raum nahe der Sonne. Nach *Encke* hat *Backlund* bis zum Jahre 1908 die Beobachtungen weiterhin bearbeitet. Dieser Autor kam dann zu dem Resultat, daß der Betrag der Verminderung der Umlaufszeit nach 1858 auf die Hälfte bis Zweidrittel des anfänglichen Wertes zurückgegangen ist.

Der Gedanke an ein widerstehendes Mittel im planetarischen Raum findet heute kaum noch Anhänger. *Bessel* wies bereits nach der Veröffentlichung der ersten Resultate durch *Encke* im Jahre 1836 darauf hin, daß man zwecks Deutung der errechneten Periodenverkürzung auch an einen anderen Effekt denken könne, nämlich an die Abstoßung von Materie durch den Kometenkern, wodurch unter Umständen eine Verlagerung des Schwerpunktes des Restkernes erzeugt werden kann. Es tritt dann, allerdings in einem viel schwächeren Maße und nur ganz allmählich das ein, was sich bei einer Aufteilung eines Kernes mit den Bruchstücken ereignet. Verläßt die ausströmende Materie den Kern in Richtung zur Sonne, so erhält derselbe einen entsprechenden Impuls in der entgegengesetzten Richtung. Der Einfluß einer solchen Ausströmung wird dieselbe Wirkung haben wie eine sehr kleine Verminderung der Sonnenattraktion. Vor dem Perihel würde dies eine Verkürzung der Periode, nach dem Perihel umgekehrt eine Verlängerung derselben erzeugen. Die Verhältnisse werden dadurch recht verwickelt, daß man mit einer Rotation der Kerne rechnen muß, welche die Impulsrichtung variieren läßt. Nähere

Tabelle 12

1828		1838	
Ω (Sonnendistanz)	D (Durchmesser in km)	Ω (Sonnendistanz)	D (Durchmesser in km)
1.46	505 000 km	1.42	453 000 km
1.32	415 000 „	1.19	194 000 „
0.97	193 000 „	1.00	126 000 „
0.85	126 000 „	0.83	102 000 „
0.72	74 000 „	0.76	90 000 „
0.34	22 000 „	0.39	10 600 „
		0.34 (Perihel)	4 800 „

Entnommen: *R. Jägermann*, Kometenformen, Petersburg 1903.

Rechnungen über die zu erwartenden Effekte unter Berücksichtigung einer Kernrotation sind kürzlich von *F. Whipple* durchgeführt worden. Eine sichere Entscheidung darüber, daß hier die Ursache für das Verhalten des Enckschen Kometen zu finden ist, geben diese aber noch nicht. Zweifellos verdient der Gedanke jedoch weiterhin Beachtung. Übrigens hat man inzwischen kleinere Änderungen der Umlaufszeiten bei zwei weiteren Objekten gefunden (Komet Wolf I, Komet d'Arrest), die aber das umgekehrte Vorzeichen haben.

Für zwei der älteren Erscheinungen des Kometen liegen Schätzungen des Durchmessers des Kometenkopfes vor, die bisher über einen größeren Bereich der heliozentrischen Distanz nur ganz selten gemacht werden konnten, und die wir deshalb in der Tabelle 12 aufführen.

Wie man sieht, nimmt der Durchmesser zum Perihel hin ab. Kepler erwähnt schon die Beobachtung eines solchen Effektes für den Kometen 1618. Bei *Newton* findet man ebenfalls eine diesbezügliche Bemerkung.

Tabelle 13. *Kurzperiodische Kometen mit mehr als einer Erscheinung (nach E. Strömgren)*

Nr.	Komet	T	π	Ω	e	q	i	ω	Q	P	Nr.
1	Encke	1937 Dec. 27.2	159°.6	334°.7	0.846	0.3	12°.5	184°.9	4.1	3.3	1
2	Grigg-Skjellerup	1942 May 23.2	211.8	215.4	0.704	0.9	17.6	356.4	4.9	4.9	2
3	Tempel 2	1946 July 2.3	310.3	119.4	0.54	1.4	12.4	190.9	4.7	5.3	3
4	Neujmin 2	1927 Jan. 16.2	161.4	327.7	0.565	1.3	10.6	193.7	4.8	5.4	4
5	Brorson 1	1879 April 1.0	116.2	101.3	0.810	0.6	29.4	14.9	5.6	5.5	5
6	Tempel 3 - L. Swift	1908 Oct. 1.4	44.0	290.3	0.62	1.2	5.4	113.7	5.2	5.7	6
7	de Vico - E. Swift	1894 Oct. 12.7	345.4	48.8	0.57	1.4	3.0	296.6	5.1	5.9	7
8	Tempel 1	1879 May 7.6	238.3	78.8	0.463	1.8	9.8	159.5	4.8	6.0	8
9	Pons-Winnecke	1945 July 10.6	264.5	94.4	0.654	1.2	21.7	170.1	5.6	6.1	9
10	Kopff	1945 Aug. 11.3	284.6	253.0	0.556	1.5	7.2	31.5	5.3	6.2	10
11	Forbes	1929 June 26.0	285.0	25.5	0.56	1.5	4.6	259.5	5.3	6.4	11
12	Schwaßmann-Wachmann 2	1942 Feb. 14.3	124.0	126.0	0.385	2.1	3.7	358.0	4.8	6.5	12
13	Perrine 1	1922 Dec. 25.7	49.6	242.3	0.66	1.2	15.7	167.3	5.8	6.6	13
14	Giacobini - Zinner	1946 Sept. 18.5	8.1	196.3	0.717	1.0	30.7	171.9	6.0	6.6	14
15	Biela	1852 Sept. 24.2	109.2	245.9	0.756	0.9	12.6	223.3	6.2	6.6	15
16	d'Arrest	1943 Sept. 23.8	318.0	143.6	0.611	1.4	18.0	174.4	5.7	6.7	16
17	Daniel	1943 Nov. 22.2	76.6	70.5	0.574	1.5	19.9	6.1	5.7	6.8	17
18	Finlay	1926 Aug. 7.2	5.9	45.3	0.70	1.1	3.4	320.6	6.2	6.9	18
19	Holmes	1906 Mar. 14.6	346.0	331.7	0.42	2.1	20.8	14.3	5.1	6.9	19
20	Borelly	1932 Aug. 26.3	69.6	77.1	0.617	1.4	30.5	352.6	5.8	6.9	20
21	Brooks 2	1946 Aug. 25.8	13.3	177.7	0.484	1.9	5.5	195.5	5.4	7.0	21
22	Reinmuth	1935 May 1.4	133.8	125.0	0.504	1.9	8.1	8.8	5.7	7.2	22
23	Faye	1940 April 23.0	46.7	206.4	0.566	1.6	10.6	200.3	5.9	7.4	23
24	Whipple	1941 Jan. 13.3	19.0	188.8	0.349	2.5	10.2	190.2	5.2	7.5	24
25	Oterma 3	1942 Sept. 13.7	153.9	154.9	0.143	3.4	4.0	359.0	4.6	8.0	25
26	Schaumasse	1943 Nov. 4.5	137.7	86.7	0.705	1.2	12.0	51.0	6.8	8.2	26
27	Wolf 1	1942 June 7.6	5.3	204.3	0.405	2.4	27.3	161.0	5.8	8.3	27
28	Comas Solá	1944 April 11.6	104.6	65.7	0.576	1.8	13.7	38.9	6.6	8.5	28

29	Gale	1938 June 18.5	276.4	67.3	0.761	1.2	11.7	209.1	8.7	11.0	29
30	Tuttle 1	1939 Nov. 10.1	116.8	269.8	0.821	1.0	54.7	207.0	10.3	13.6	30
31	Schwaßmann- Wachmann 1 . .	1941 Sept. 1.2	323.4	323.0	0.142	5.5	9.4	0.4	7.3	16.3	31
32	Neujmin 1	1931 May 7.4	334.3	347.3	0.775	1.5	15.2	347.0	12.0	17.7	32
33	Pons-Forbes	1928 Nov. 5.0	86.0	250.1	0.93	0.7	28.9	195.9	18.0	27.9	33
34	Stephan-Oterma . .	1942 Dec. 18.9	76.7	78.6	0.858	1.6	17.9	358.1	17.9	37.8	34
35	Westphal	1913 Nov. 26.8	43.9	346.8	0.92	1.3	40.9	57.1	30.0	61.7	35
36	Brorson 2 - Metcalf .	1919 Oct. 17.4	80.3	310.8	0.97	0.5	19.2	129.5	33.2	69.1	36
37	Pons-Brooks . . .	1884 Jan. 26.2	93.3	254.1	0.955	0.8	74.0	199.2	33.7	71.6	37
38	Olbers	1884 Oct. 9.0	149.8	84.5	0.931	1.2	44.6	65.3	33.6	72.7	38
39	Halley	1910 April 20.2	169.0	57.3	0.97	0.6	162.2	111.7	35.3	76.0	39
40	Herschel-Rigollet .	1939 Aug. 9.5	24.4	355.1	0.974	0.7	64.2	29.3	57.2	150.7	40

16. Die Jupiterfamilie

Nach der Klärung der Verhältnisse für den Enckeschen Kometen wurden nach und nach mehr und mehr Kometen als kurzperiodisch erkannt und deren Bahnen genauer berechnet. Heute umfaßt die ganze Gruppe, wenn wir die Umlaufszeit mit etwa der des Saturn (ungefähr 30 Jahre) begrenzen, rund 65 Mitglieder. Diese Grenze ist allerdings etwas willkürlich. Manche Autoren zählen alle Objekte zur kurzperiodischen Klasse, deren Bahnen noch ganz innerhalb des Systems der Planeten verlaufen, so daß auch noch der Halleysche Komet mit seiner Apheldistanz von 35.3 AE und Periode von 75 Jahren einzuschließen ist. Man kommt dann auf insgesamt 77 Mitglieder, die in den Tabellen 13 und 14 aufgeführt sind. Die erste Tabelle enthält solche, die in mehr als einer Perihelannäherung beobachtet wurden, die zweite die übrigen mit nur einer Beobachtung aber ausreichend zuverlässigen Bahnen. Außer den

Tabelle 14. *Kurzperiodische Kometen mit nur einer Erscheinung (nach E. Strömgren)*

Nr.	Komet	T	π	Ω	e	q	i	ω	Q	P	Nr.
1	1766 II	1766 April 28.2	252.0	71.6	0.834	0.4	7.8	180.4	4.5	3.9	1
2	1819 IV	1819 Nov. 20.8	67.5	77.4	0.699	0.9	9.1	350.1	5.0	5.1	2
3	1678	1678 Aug. 18.8	322.8	163.3	0.627	1.1	2.9	159.5	4.9	5.2	3
4	1930 VI	1930 June 14.2	269.1	76.8	0.666	1.0	17.3	192.3	5.0	5.3	4
5	1884 II	1884 Aug. 17.0	306.1	5.1	0.584	1.3	5.5	310.0	4.9	5.4	5
6	1743 I	1743 Jan. 8.7	93.3	86.9	0.721	0.9	1.9	6.4	5.3	5.4	6
7	1941 e	1941 July 21.1	298.8	229.6	0.579	1.3	3.2	69.2	4.9	5.4	7
8	1770 I	1770 Aug. 14.0	356.3	132.0	0.786	0.7	1.6	224.3	5.6	5.5	8
9	1886 IV	1886 June 7.2	230.3	53.5	0.579	1.3	12.7	176.8	5.0	5.6	9
10	1940 a	1939 Oct. 3.5	70.4	137.6	0.448	1.7	4.8	292.8	5.1	5.6	10
11	1783	1783 Nov. 20.4	50.3	55.7	0.552	1.5	45.1	354.6	5.1	5.9	11
12	Giacobini	1928 Mar. 26.8	182.0	196.8	0.71	1.0	1.4	345.2	5.9	6.4	12
13	1890 VII	1890 Oct. 27.0	58.4	45.1	0.471	1.8	12.8	13.3	5.1	6.4	13
14	1900 III	1900 Nov. 28.5	7.8	196.7	0.733	0.9	29.8	171.1	6.1	6.5	14
15	1858 III	1858 May 3.5	200.8	175.1	0.674	1.1	19.5	25.7	5.9	6.6	15
16	1892 V	1892 Dec. 11.0	16.3	206.4	0.594	1.4	31.3	169.9	5.6	6.6	16
17	1896 V	1896 Oct. 28.5	334.0	193.5	0.589	1.5	11.4	140.5	5.6	6.6	17
18	1918 III	1918 Sept. 30.7	37.4	117.9	0.468	1.9	5.6	259.5	5.2	6.7	18
19	1916 I	1928 Oct. 22.4	103.8	108.3	0.487	1.8	20.7	355.5	5.3	6.8	19
20	1895 II	1895 Aug. 21.3	338.1	170.3	0.652	1.3	3.0	167.8	6.2	7.2	20
21	1894 I	1894 Feb. 9.9	130.6	84.4	0.697	1.1	5.5	46.2	6.4	7.4	21
22	1925 I	1925 Jan. 24.0	84.6	260.5	0.374	2.4	23.1	184.1	5.3	7.5	22
23	1906 VI	1906 Oct. 10.3	34.6	194.6	0.584	1.6	14.6	200.0	6.2	7.8	23
24	1936 IV	1936 Oct. 3.4	1.5	164.2	0.650	1.5	13.3	197.3	6.9	8.5	24
25	1881 V	1881 Sept. 13.8	18.4	65.9	0.828	0.7	6.9	312.5	7.7	8.7	25
26	1889 VI	1889 Nov. 30.1	40.2	330.4	0.685	1.4	10.3	69.8	7.2	8.9	26
27	1939 IV	1939 Feb. 9.0	179.9	135.5	0.624	1.8	11.1	44.4	7.6	10.1	27
28	1929 III	1929 June 28.2	298.7	158.2	0.585	2.0	3.7	140.5	7.8	10.9	28

29	1846 VI	1846 June 1.6	240.0	260.4	0.729	1.5	30.7	339.6	9.7	13.4	29
30	1944 c	1944 June 17.5	279.4	22.3	0.781	1.3	18.6	257.1	10.4	14.0	30
31	1585	1585 Oct. 8.5	9.9	38.0	0.826	1.1	5.4	331.9	11.4	15.5	31
32	1916 III	1916 June 14	319	224	0.93	0.5	103	95	12.4	16.4	32
33	1866 I	1866 Jan. 11.6	42.4	231.4	0.905	1.0	162.7	171.0	19.7	33.2	33
34	1863 V	1863 Dec. 27.1	59.3	305.0	0.946	0.8	63.6	114.3	27.8	53.2	34
35	1873 VII	1873 Dec. 2.5	85.9	250.0	0.949	0.7	29.2	195.9	28.1	54.8	35
36	1931 III	1931 June 10.8	150.4	191.6	0.935	1.0	42.5	318.8	30.6	62.9	36
37	1827 II	1827 Jan. 7.7	337.0	317.7	0.949	0.8	136.4	19.3	31.1	63.8	37
38	1883 II	1883 Dec. 25.6	41.9	264.3	0.981	0.3	114.7	137.6	31.9	64.6	38

sechs Bahnelementen (P [für a], e, i, Ω, ω, T) sind in den Tabellen noch die Periheldistanz q, die Apheldistanz Q und die Länge des Perihels $\pi = \Omega + \omega$ aufgeführt. Eine nähere Betrachtung der Daten läßt folgende statistische Eigentümlichkeiten der Gruppe hervortreten. Zunächst ist sofort erkenntlich, daß von den 77 Mitgliedern rund 60 kleinere oder nur wenig größere Perioden als die Periode des Planeten Jupiter (rund 12 Jahre) besitzen, wobei wiederum solche mit ungefähr der halben Umlaufszeit des Jupiter weit überwiegen. Die Verteilung der Perioden ist graphisch dargestellt in dem Diagramm der Abb. 52. Zweitens zeigen die Tabellen 13 und 14, daß die Aphelienabstände, die man unter der Rubrik Q aufgeführt findet, sich sehr stark um den Wert des Bahnradius des Jupiter anhäufen (vgl. Abb. 53). Schließlich tritt dann noch eine dritte Eigenschaft hervor. Bei einer rein nach dem Zufall verteilten Lage der Kometenbahnen im Raume sollten die Pole der Bahnen die Himmelskugel gleichförmig bedecken. Auf die Neigungswinkel i übertragen gibt dies eine Verteilung nach sin i (siehe Abb. 54, Kurve a). Führt man eine Trennung *aller* bekannten Bahnen in die beiden Gruppen mit Perioden unter 12 Jahren und über 12 Jahren durch, so erhält man für die langperiodischen (P = 12 Jahre

bis ∞) eine Verteilung, die im Großen und Ganzen die Zufallsverteilung a wiedergibt. Ganz im Gegensatz dazu zeigen die
kurzperiodischen Bahnen eine ausgesprochene Bevorzugung der
kleinen Neigungswinkel (Kurve b). Bei den übrigen Gliedern der
Tabellen 13 und 14 tritt immerhin noch eine starke Bevorzugung
der Neigungen unter 90^0 hervor. Alles in allem deutet sich also
eine Verwandtschaft mit den Planetenbahnen an, insbesondere

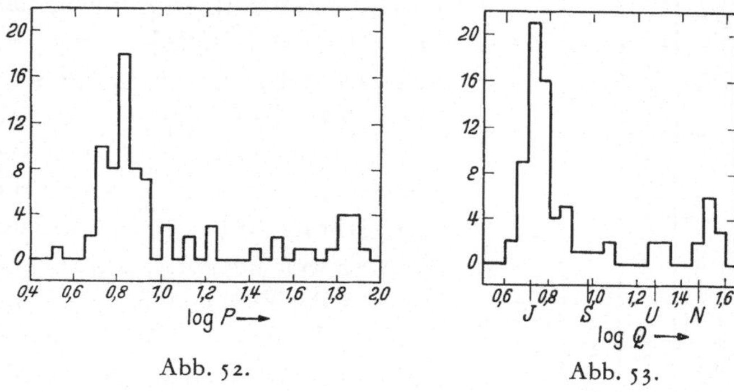

Abb. 52.   Abb. 53.

Abb. 52. Die Anzahlen der kurzperiodischen Kometen (senkrechte Skala) für
verschiedene Umlaufsperioden P. (Die Umlaufsperioden in Jahren sind in
Logarithmen zur Basis 10 aufgeführt.)
Abb. 53. Verteilung der Aphelienabstände Q (log Q !) bei den kurzperiodischen Kometen.

mit den kleinen Planeten. Bei den letzteren treffen wir auch auf
Neigungswinkel bis zu 40^0 und Exzentrizitäten bis zu 0.5.

Die nächste Verwandtschaft mit den typischen Planetenbahnen
zeigen die beiden Objekte Komet Schwaßmann-Wachmann (1)
1925 und Komet Oterma 1942 VII. Der letztere läuft ganz zwischen
Mars und Jupiter (Exzentrizität e = 0.143, Neigung i = 4^0, Periode 8.0 Jahre), der erste nahe aber ganz außerhalb der Jupiterbahn
(Exzentrizität e = 0.142, Neigung i = 9.4^0, Periode 16.3 Jahre).

Bei den Bahnbestimmungen hat sich herausgestellt, daß zumindest 11 der aufgeführten kurzperiodischen Objekte kurz vor
ihrer Entdeckung eine starke Annäherung an den Planeten Jupiter
erlitten. Wir führen diese in der Tabelle 15 mit einigen Daten auf.

Die Aphele Q liegen fast alle sehr nahe an der Jupiterbahn (mittlere Entfernung 5.2 AE). Die Größe d in der Tabelle bezeichnet

den geringsten Abstand, bis auf den sich der Komet dem Planeten näherte. Die Größe s wird in der Ziffer 21 erklärt und benutzt. Wir hatten oben in der Tabelle 5 den Aktionsradius des Planeten zu 0.322 AE angegeben. Man erkennt, daß sämtliche Objekte der Tabelle 15 in die Aktionssphäre eindrangen, zum größeren Teil sehr tief. Die Berechnung der dem „Zusammenstoß" vorausliegende Bahn ist bisher für sechs der 11 Kometen der Tabelle 15 durchgeführt worden (siehe Tabelle 16).

Die kurzperiodischen Kometen sind in ihren gegenwärtigen Bahnen — in der kosmischen Zeitskala gesehen — sicher nicht sehr langlebig. Sie werden entweder wieder schließlich in

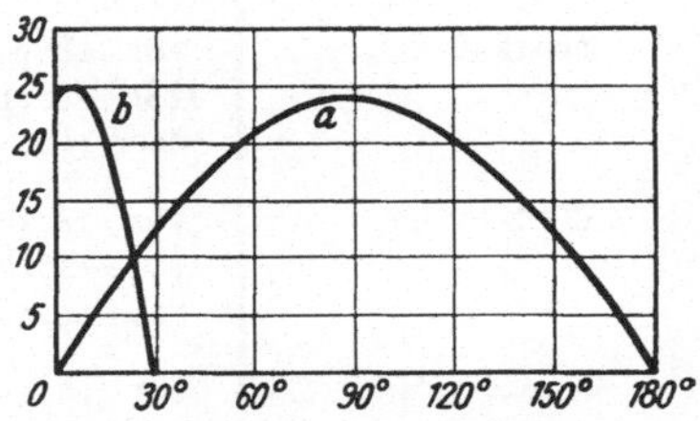

Abb. 54. Verteilung der langperiodischen (Kurve a) und kurzperiodischen Kometen (Kurve b) über die möglichen Neigungswinkel von 0° bis 180°.

eine langperiodische evtl. hyperbolische Bahn geworfen oder zerstört und aufgelöst. Der Zerstörung wird Vorschub geleistet einmal durch die wechselnde Erwärmung und Abkühlung beim Umlauf (trockene Verwitterung), dann evtl. aber auch durch nahe Vorbeigänge an Jupiter (Gezeitenkräfte). Bei dem oben beschriebenen Kometen 1889 V lösten sich bei seiner Jupiterpassage vier oder fünf größere Splitter ab, die für eine Weile als kleinere selbständige Kometen neben dem Hauptkern erkennbar blieben. Der Komet

Tabelle 15

Komet	Jupiternähe	Entdeckung	Q (AE)	P in Jahren	d (AE)	s
Lexell	1767	1770	5.6	5.5	0.01	0.62
Brossen . . .	1842	1846	5.6	5.5	0.14	0.73
Wolf I	1875	1884	5.8	8.3	0.05	0.55
Brooks 2 . . .	1886	1889	5.4	6.8	0.02	0.33
Faye	1841	1843	5.9	7.4	0.10	0.49
Finlay	1862	1886	6.2	6.9	0.01	0.62
Perrine	1888	1896	5.8	6.6	0.09	0.58
Swift	1886	1895	5.1	5.9	0.08	0.57
Whipple . . .	1922	1933	5.2	7.5	0.26	0.24
Schwaßmann-Wachmann .	1921	1929	4.8	6.5	0.30	?
Comas Sola . .	1912	1936	6.6	8.5	?	0.57

Tabelle 16

Komet	Zeit	a (AE)	q (AE)	P in Jahren
Lexell	vor 1767	5.06	2.96	11.4
	1770	3.15	0.67	5.6
	nach 1779	6.37	3.33	16.2
Brooks 2	vor 1889	9.00	5.44	27.0
	1889—1921	3.59	1.95	6.8
	nach 1921	3.64	1.86	6.95
Wolf 1	vor 1875	4.18	2.54	8.54
	1875—1922	3.59	1.59	6.80
	nach 1922	4.07	2.36	2.20
Comas Sola . . .	vor 1912	4.46	2.15	9.43
	nach 1912	4.17	1.77	8.52
Schwaßmann-Wachmann 2 .	vor 1921	4.43	3.55	9.30
	nach 1921	3.46	2.09	6.42
Whipple	vor 1922	4,74	3.90	10.30
	nach 1922	3.83	2.50	7.50

Taylor 1916 I teilte sich im Februar 1916 in Perihelnähe ($q = 1.8$) und ist danach nicht wieder aufgefunden worden. Man schätzt die durchschnittliche Existenzdauer eines Kometen der Jupiterfamilie auf einige bis mehrere Tausend Jahre. Nach astronomischen Begriffen sind die augenblicklichen Bahnen also sehr jung. Es kann sein, daß der eine oder andere früher bereits einmal der Gruppe angehörte und zwischendurch für längere Zeit in einer langperiodischen Bahn lief.

IV. Physik und Chemie der Kometen

17. Die Zersplitterung von Kometenkernen — Die Sternschnuppen

Die schon erwähnte Zerteilung von Kometenkernen wurde zum ersten Male an dem Kometen Biela im Jahre 1845 festgestellt. *Biela,* ein österreichischer Offizier und Liebhaberastronom (nach dem der Komet benannt ist) entdeckte diesen im Februar 1826 als einen kleinen, rundlichen Nebelfleck. Es stellte sich später aber heraus, daß es nur eine Wiederentdeckung war. Eine Bahnberechnung ergab, daß der Komet mit einem Objekt des Jahres 1805 identisch sein mußte. Schließlich fand man, nachdem Bahn und Periode noch genauer festlagen, die weitere Übereinstimmung mit einem Kometen des Jahres 1772. Mit einer Periode von 6.6 Jahren, seiner geringen Bahnneigung und der starken Annäherung an die Jupiterbahn gehört der Komet Biela in die Jupiterfamilie. Er wurde auch bereits oben in der Tabelle 13 aufgeführt. Mit 0.90 Erdentfernungen liegt sein Perihel nahe an der Erdbahn. Daß der Komet seit 1772 nicht bei jeder Perihelannäherung erfaßt worden war, lag an ungünstigen Stellungen in bezug auf Erde und Sonne bei der Perihelnähe.

Bei der Wiederkehr 1845/46 mußte er am 11. Februar 1846 durchs Perihel gehen. Aufgefunden wurde er am 28. November 1845. Vier Wochen später stellte man fest, daß der Kern aus zwei dicht nebeneinander liegenden Lichtpunkten bestand. In der Folgezeit trennten sich diese. Messungen des scheinbaren Abstandes ergaben nach der Umrechnung Ende Januar eine Trennung von rund 300000 km.

Wie man vermutete, hatten sich bei der nächsten Wiederkehr zum Perihel im Jahre 1852 die beiden Kerne weiter voneinander entfernt. Ihre Distanz war in den sechs Jahren auf rund 2500000 km angewachsen, sie liefen also mit einer Stundengeschwindigkeit von 40 bis 50 km auseinander. Seit dem Jahre 1852 ist dann der Komet überhaupt nicht mehr gesehen worden, trotzdem in verschiedenen Perihelannäherungen die Stellung von Erde und Komet gute Sichtbarkeitsbedingungen versprach.

In den zwei Jahrzehnten nach 1850 war unter den Astronomen der Verdacht aufgekommen, daß zwischen der bekannten Erscheinung der Sternschnuppen (fallende Sterne) und den Kometen ein Zusammenhang bestehen könnte. Die Beobachtung der Zerteilung des Kometen Biela und dessen späteres vollständiges Ausbleiben verstärkte diesen Verdacht. In der Zerteilung sah man den Beginn einer vollständigen Zerstückelung des Kometenkernes. Man kann erwarten, daß nach einer Zerkleinerung der Kernmaterie diese sich nach und nach in der Form einer ausgedehnten Wolke längs der ursprünglichen Kometenbahn hinzieht. Führt eine Bahn dann dicht an der Erdbahn vorbei, wie bei dem Kometen

Biela, so ist es möglich, daß die Erde gelegentlich in diesen Schwarm hineingerät oder ihn wenigstens streift. Im Zusammenhang mit dem Bielaschen Kometen sagte der Astronom *E. Weiß* Ende der sechziger Jahre auf Grund einer Bahnbestimmung ein solches Zusammentreffen für den 28. November 1872 voraus. Wirklich trat um diese Zeit (am 27. November nachts) ein glänzender Sternschnuppenfall ein. Der Vorgang wiederholte sich 2mal, 6.6 Jahre später im Jahre 1885 und ebenso im Jahre 1892, war dann aber schon, insbesondere im letzten Fall, schwächer geworden. Inzwischen ist dieser erzeugende Strom von Sternschnuppen wenn auch nicht ganz, so doch nahezu erloschen. Der Grund dafür ist in einer Bahnverlagerung des Schwarmes infolge Jupiterstörungen zu suchen. Bei dem ersten Sternschnuppenregen im Jahre 1872 zählten verschiedene Beobachter in Europa in den Stunden von sechs Uhr abends bis zwölf Uhr nachts zwischen 10 000 bis 40 000 Schnuppen.

Die Bieliden waren historisch gesehen nicht der erste Sternschnuppenschwarm, welcher einem bestimmten Kometen zugeordnet werden konnte. Die Existenz kometarischer Sternschnuppenströme war schon in den Jahren 1865/66 durch den Italiener *G. V. Schiaparelli* und den Amerikaner *H. A. Newton* nahezu gleichzeitig so gut wie bewiesen worden. Man kann die außerirdische Bahn der kleinen Sternschnuppenkörper sogleich berechnen, wenn es gelingt, deren Geschwindigkeit außerhalb der Erdatmosphäre und ihre Bewegungsrichtung festzulegen. Daß dieses auf Grund der scheinbaren Sternschnuppenbahnen am Himmel durchführbar ist, wenn auch nicht ganz leicht, darauf sei hier nur aufmerksam gemacht. Mit Erfolg durchgeführt wurde dies zuerst von den beiden vorhin genannten Autoren.

Es gibt Sternschnuppenfälle, die zu gewissen Zeiten des Jahres periodisch wiederkehren. Eine der bekanntesten sind die sogenannten Perseiden, so genannt, da sie aus dem Sternbild Perseus herunter zu fallen scheinen. Sie treten mit wechselnder Stärke in der ersten Augusthälfte auf. Für diese errechnete *Schiaparelli* eine heliozentrische Bahn, deren Elemente eine fast völlige Übereinstimmung mit einem Kometen 1862 III ergaben.

Man erkennt dies an den Angaben der Tabelle 17. Eine noch bessere Übereinstimmung in den Zahlen als vorhanden, ist von vorneherein nicht zu erwarten. Um die jährliche Wiederkehr der Perseiden zu verstehen, muß man annehmen, daß die kleinen Körper sich längs der ganzen Kometenbahn hinziehen und in der näheren Umgebung des noch existierenden Restkernes nur mit höherer Dichtigkeit den Raum erfüllen. Die Periode von rund 108 Jahren erschloß der Autor aus historischen Berichten über verstärkte August-Sternschnuppenfälle.

Tabelle 17

	Perseiden	Komet 1862 III
Länge des aufst. Knotens .	$138^0 16'$	$137^0 27'$
Länge des Perihels . . .	$343^0 48'$	$344^0 41'$
Neigung	$115^0 57'$	$113^0 34'$
Periheldistanz	0.9643	0.9626
Periode.	108 Jahre	121.5 Jahre
Periheldurchgang	Juli 23.6	1862 Aug. 22.9

Die reichsten jemals beobachteten Fälle — soweit historisch geurteilt werden kann — binden sich an den sogenannten Leonidenstrom, der im November auftritt. In einem Abstand von

Tabelle 18

	Leoniden	Komet 1866 I
Länge des aufst. Knotens .	$231^0 28'2$	$231^0 26'1$
Länge des Perihels . . .	$56^0 25'9$	$60^0 28'0$
Neigung	$162^0 15'5$	$162^0 41'9$
Periode.	33.25 Jahre	33.176 Jahre
Periheldistanz	0.9873	0.9765
Periheldurchgang	Nov. 10.09 1866	Jan. 11.160, 1866

rund 33 Jahren traten diese in den Jahren 1799, 1833 und 1866 mit einem fast unvorstellbaren Reichtum auf. *Alexander v. Humboldt* hat das Erlebnis der Fälle von 1799 in seinen Reiseberichten mitgeteilt. Im Jahre 1899 ist der Strom ausgeblieben, was wiederum auf eine Jupiterstörung zurückzuführen ist. Der dichte Teil des Stromes ist im Jahre 1898 diesem Planeten sehr nahe gekommen und in eine Bahn geworfen worden, die nicht mehr an der Erdbahn vorbeiführt. Der Leonidenschwarm steht im Zusammenhang mit dem Kometen 1866 I (Tempel, Tuttle), der im

Jahre 1865 entdeckt wurde und im Januar 1866 durch sein Perihel ging. Tabelle 18 stellt die Elemente des Schwarms und des Kometen nebeneinander. Der Meteoritenschwarm folgt also dem Restkometenkern in seiner Bahn und erreicht 10 Monate später als dieser das Perihel.

Wie Sternschnuppenströme für uns auf der Erde infolge einer Bahnverlagerung verschwinden können, so tauchen auch solche

Tabelle 19. *Änderung der Elemente des Kometen Pons-Winnecke*

Jahr	a	e	q	i	☊	☋	P
1819	3.160	0.756	0.774	$10°43'$	$274°41'$	$113°11'$	5.62
1858	3,137	0.755	0.769	10 48	275 39	113 12	5.56
1909	3.262	0.702	0.973	18 17	271 37	99 21	5.88
1921	3.297	0.684	1.041	18 55	268 24	98 06	5.99
1927	3.305	0.686	1.039	18 56	268 32	98 09	6.01

durch Heranführung von Bahnen an die Erdbahn neu auf. Ein solches Beispiel hat der Amerikaner *Olivier* in dem Meteoritenstrom des Kometen Pons-Winnecke aufgefunden. Letzterer ist mit einer Periode von 6.0 Jahren ein Glied der Jupiterfamilie. Die Jupiterstörungen haben zwischen 1819 und 1927 die Elemente dieses Kometen einseitig systematisch so verändert, daß das Perihel q von 0.774 AE auf 1.04 AE an die Erdbahn heranrückte (siehe Tabelle 19).

Sternschnuppenfälle in Verbindung mit diesem Kometen traten auf im Jahre 1916 (Juni), als die Erde der Kometenbahn sehr nahe kam. Sie wiederholten sich, wenn auch nur schwach, im Jahre 1927.

Im letztgenannten Jahre kam die Erde auch dem Kometen selbst sehr nahe, nämlich auf nur rund 6 Millionen km. Diese Gelegenheit ist an Observatorien mit stark vergrößernden Instrumenten benutzt worden, um die Größe und die Gestalt des Kometenkernes zu erforschen. Es ergab sich jedoch nur soviel, daß die wirklichen Durchmesser der Kerne sehr klein sind. Einzelheiten ließen sich nicht erkennen. Für die Durchmesser vermag man nur eine obere Grenze anzugeben, die sehr wohl in Wahrheit wesentlich unterschritten werden kann. Von verschiedenen Seiten wurde diese obere Grenze zu rund 1 km angegeben, die natürlich nicht ohne weiteres für alle Kometenkerne als gültig angesehen werden kann.

Zu den Kometen, bei denen eine Zersplitterung des Kernes im Fernrohr direkt beobachtet werden konnte, gehört auch der oben in Ziffer 14 mit seiner Jupiterstörung behandelte Komet 1889 V. Der Komet gelangte Ende Oktober in die zweite Bahn, in welcher er dann später Anfang Juli 1889 beobachtet wurde. Ende Juli — Anfang August, als er der Erde (und dem Perihel) näherrückte, bemerkten die astronomischen Beobachter neben dem Hauptkometen nicht weniger als vier schwächere Begleiter. Man kann mit ziemlicher Sicherheit annehmen, daß die Aufspaltung des alten Kernes beim Vorbeigang an Jupiter geschah. Die festgestellten vier Nebenkometen stellen wahrscheinlich nur die vier größten der abgesplitterten Brocken dar.

18. Die Spektren der Kometen

a) Die physikalische Natur des Lichtes[1]

Bis in die zweite Hälfte des vorigen Jahrhunderts gab es in bezug auf die Natur der chemischen Stoffe, welche eine Kometenatmosphäre ausmachen, nur Vermutungen. Die Sachlage wurde auf einmal anders, als man die Spektralanalyse erfand und theoretisch und praktisch feststellte, daß jeder chemischer Stoff einer Gasatmosphäre im Leuchten erkannt werden kann. Diese Behauptung gilt allerdings mit gewissen Einschränkungen.

Die Spektralanalyse ist ein Zweig der Optik, der physikalischen Lehre vom Licht. Die Anfänge ihrer Grundlagen beginnen bei *Newton* mit einfachen Experimenten mittels eines Primas, das er sich auf einem Jahrmarkt gekauft hatte. Er läßt einen Sonnenstrahl, der durch ein Loch im Fensterladen in sein Zimmer eindringt, auf eine Seite des Prismas fallen und beobachtet, daß dadurch auf der Zimmerwand ein Farbband Rot-Grün-Violett mit Zwischenfarben entsteht (siehe Abb. 55). Der Lichtstrahl war von seiner ursprünglichen Richtung zweimal weggebrochen, einmal an der Eintrittsfläche in das Prisma und ein zweites Mal an der

---

[1] Im Zusammenhang mit dem Inhalt dieses Absatzes verweisen wir zwecks ausführlicher Orientierung auf die beiden folgenden Bändchen dieser Sammlung: *E. Rüchardt*, Sichtbares und unsichtbares Licht, 2. Aufl. 1952, und *W. Hopf*, Materie und Strahlung, 1936.

Austrittsfläche. *Newton* erweitert und variiert seine Versuche in mannigfacher Weise, indem er mehrere Brechungen hintereinander geschehen läßt, sowohl für das ganze *Spektrum* wie auch für eine einzelne herausgefilterte Farbe. Sie überzeugen ihn, daß violettes Licht immer stärker gebrochen wird als grünes und dieses wiederum stärker als rotes.

Newton hat nicht etwa die prismatischen Farben entdeckt, sie waren lange vor ihm anderen bekannt wie *Leonardo da Vinci* und *Galilei*, aber niemand hatte bis dahin den Zusammenhang mit der Brechbarkeit klar erkannt.

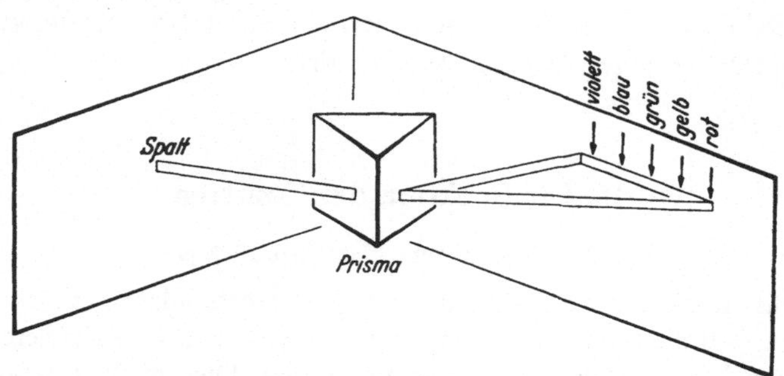

Abb. 55. Beim Durchgang durch ein Glasprisma fächert ein Lichtstrahl des Sonnenlichtes in ein farbiges Band auseinander.

Das Studium der Lichtphänomene spielte im 17. Jahrhundert schon eine bedeutende Rolle und war insbesondere durch die astronomischen Entdeckungen (Fernrohr) zu einem auch praktischen Lehrfach geworden. Die Gesetze der Reflexion an Spiegeln und der Brechung in durchsichtigen Körpern waren schon (allerdings nicht genau) den Griechen bekannt. Das exakte Brechungsgesetz fand 1621 *W. Snellius* in Leiden. Man verstand um diese Zeit schon Spiegel und Linsen zu schleifen und ihre Wirkung, die Konvergenz und Divergenz der Lichtstrahlen zu berechnen. Das alles war „geometrische Optik", sie basiert auf der Vorstellung, daß jeder Lichtstrahl sich gradlinig fortbewegt, solange er nicht auf reflektierende und brechende Flächen trifft. Die Farbphänomene verstand man dagegen noch gar nicht. Sie schienen die Kenntnis der eigentlichen physikalischen Natur des Lichtes zu bedingen.

Newton warf mit aller Vorsicht die Frage auf, ob man sich das Licht nicht als kleinste Körnchen (Korpuskeln) verschiedenster Größen und besonderer Natur vorstellen könne, welche von den leuchtenden Gegenständen allseitig in den Raum geworfen werden. Seine Vorstellungen, die an diese abgeschleuderten Korpuskeln dann anknüpfen, sind aber durchaus unklar und unzusammenhängend. Die durchsichtigen Stoffe wirken nach ihm auf diese Lichtteilchen ein, indem sie dieselben ablenken (teils auch reflektieren), anderseits beeinflussen die letzteren aber auch den Körper, sie versetzen ihn in vibrierende Bewegung, wie Steine, die man in einen See wirft, das Wasser.

108

Hundert Jahre nach *Newton* setzte sich eine Auffassung der Natur des Lichtes durch, deren systematische Durchbildung der holländische Physiker Huygens schon begonnen hatte: *die Wellentheorie des Lichtes*. Für *Huygens* war das Licht eine Wellenbewegung (Kugelwellen) in einem unsichtbaren, alles erfüllenden Medium, dem „Äther". Die Ätherteilchen leiten durch eine Hin- und Herbewegung und mittels einer elastischen Bindung aneinander die von der Lichtquelle ausgelösten Impulse von Ort zu Ort weiter.

In der weiteren Ausbildung der Wellentheorie des Lichtes läßt man sich von einer Analogie mit den Schallwellen leiten, deren Träger nachweislich die Luft oder die festen und flüssigen Körper sind; der Äther bleibt dagegen eine Erfindung, der Nachweis seiner Existenz gelingt nicht. In einer Schallwelle bewegt sich jedes Luftteilchen in der Richtung hin und her, in welcher die Impulse auftreffen und der Schall pflanzt sich in den Schwingungsrichtungen der Luftteilchen weiter fort. Mit den Wasserwellen verhält es sich dagegen in bezug auf die Fortpflanzung anders. Ein senkrecht ins Wasser fallender Stein verursacht ein Auf- und Abpendeln der getroffenen Stelle, diese periodische Störung pflanzt sich aber *senkrecht* zur Schwingungsrichtung über die ganze Wasseroberfläche fort, man bezeichnet solche Wellen im Gegensatz zu den longitudinalen Schallwellen als *transversal*. Zu Beginn des vorigen Jahrhunderts wurde klar, daß man alle *bis dahin* an der Lichtstrahlung studierten Phänomene unter dem Bilde *transversaler* Ätherwellen verständlich machen konnte, ohne daß sich jedoch der hypothetische Äther anderweitig erfassen ließ.

Die Erfolge der Ätherwellentheorie waren bestechend. Dieses Farbband von Rot über Grün zu Blau-Violett des Spektrums erwies sich als eine kontinuierliche Folge von Licht verschiedener Wellenlängen, deren Dimension in den submikroskopischen Bereich von 0.0007 mm (Rot) bis 0.0003 mm (tief Violett) führte. Zu Beginn unseres Jahrhunderts hatte man dann erkannt, daß diese Lichtstrahlung nur einen sehr, sehr kleinen Bereich aus einem weit ausgedehnteren kontinuierlichen Band der Ätherwellenstrahlung darstellt (siehe Abb. 56).

Die Ansichten über die Natur des Lichtes haben sich seit *Newton* und *Huygens* bis heute eigentlich ständig geändert und werden sich wahrscheinlich noch weiter wandeln. Auf die primitive Ätherwellenvorstellung folgte die elektromagnetische Lichttheorie. Die elektrischen Wellen, die *H. Hertz* 1887 durch Schwingungen elektrischer Ladungen erzeugte, erwiesen sich von derselben Art wie die Lichtwellen, nur, daß ihre Wellenlängen bedeutend größer waren und damit das Licht als ein Fortschreiten von elektromagnetischen Kräften durch den Äther. Die stoffliche Natur des Äthers wird aufgegeben, er ist nur noch der Träger elektromagnetischer Kräfte. Die Ätherwellen bestehen nicht mehr darin, daß ein Stoff hin und her schwingt, sondern daß in festen Raumpunkten ein periodischer Wechsel der dort herrschenden elektrischen und magnetischen Kräfte vor sich geht. Die Transversalität der „Wellen" bleibt jedoch erhalten, die Richtung der periodisch wechselnden elektrischen Kraft steht senkrecht auf der Richtung, in der sich diese durch den Äther fortpflanzt, die magnetische Kraft ebenfalls, deren Richtung wiederum, in derselben Ebene liegend, mit der elektrischen einen rechten Winkel bildet.

Die Theorie der Lichterscheinungen ist nicht zu trennen von der Theorie der Struktur der Materie, denn die Materie ist die Quelle jeder Strahlung. Im Verlaufe des vorigen Jahrhunderts wurde die schon sehr alte Hypothese der atomistischen Beschaffenheit der Materie erwiesen. Die Materie erfüllt den Raum „körnig" und nicht kontinuierlich, zwischen den Körnern sind große, leere Zwischenräume. Es gibt eine große Anzahl verschiedener Körnersorten (Atome), die mit dem leichten und einfachen Wasserstoff beginnt und mit dem schweren Uran endet. Wasserstoff, Helium, Sauerstoff, Eisen, Uran usw. sind die *Elemente* der Chemie, chemische Verbindungen entstehen durch engeres Zusammentreten dieser Elemente. Wasserstoff hat die Atomnummer 1, Uran die Nummer 92. Der Engländer *Rutherford*

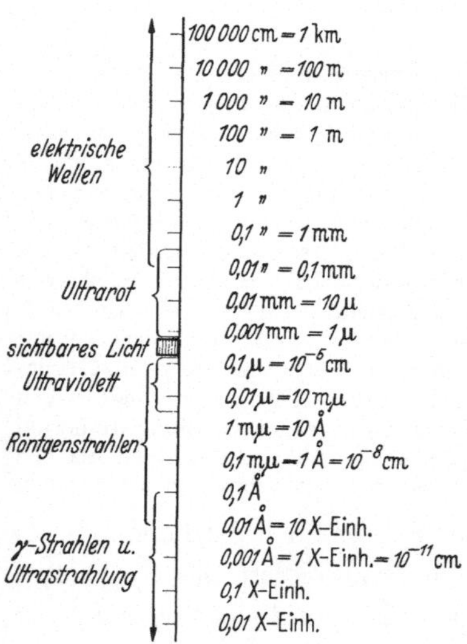

Abb. 56. Das gesamte elektromagnetische Spektrum. (Entnommen *E. Rüchardt*, Sichtbares und unsichtbares Licht, Verständl. Wiss. Bd. 35.)

brachte als erster experimentelle Gründe dafür vor, daß man sich ein Atom so vorstellen kann, daß es aus einem zentralen positiv elektrisch geladenen Kern besteht, der von leichteren *Elektronen* negativer Ladung umgeben ist, also ein elektrisches Planetensystem im Kleinen. Das Wasserstoffatom hat nur ein Elektron um seinen Kern, dieser wird *Proton* genannt, das Proton ist gleichzeitig der einfachste und leichteste Kern. Proton und Elektron sind durch elektrische Anziehung aneinander gebunden wie die Planeten an die Sonne durch die Schwereanziehung. Eine Bewegung in Ellipsenbahnen hindert das Elektron daran, in den Kern hineinzustürzen. Die schweren Atome (Elemente) besitzen eine größere Anzahl „kreisender" Elektronen, gleichzeitig besteht der Kern aus einer größeren Anzahl von Protonen, wozu aber zur inneren Bindung noch andere Elementarteilchen treten. Der Hertzsche Nachweis, daß durch Hin- und Herschwingen von elektrischen Ladungen von makroskopischer Ausdehnung die langwelligen elektrischen Ätherwellen entstehen, konnte als ein Hinweis dafür betrachtet werden, den Ursprung der kürzeren und kürzesten Ätherwellen in den Schwingungen submikroskopischer Ladungen zu suchen. Als das einfachste Modell eines solchen Hertzschen Senders wurde mit Erfolg das einzelne Elektron verwendet, welches irgendwie an eine positive Ladung (Atomkern) gebunden ist und in deren Kraftfeld hin und her pendelt. Ist die Wellenlänge einer Ätherwellensorte gleich λ cm, und bezeichnen wir die Lichtgeschwindigkeit in der Sekunde in cm ausgedrückt mit c, so wandern also von einem Sender, der diese Wellenlängen erzeugt, in der Sekunde c: λ Wellen ab. Genau so häufig muß der erzeugende Oszillator in der Sekunde auf- und ab schwingen, $\nu = c/\lambda$ ist seine Frequenz.

Das Bild des elektrischen Oszillators als Strahlungsquelle enthält sehr viel Wahrheit in sich, so vor allem für die längeren elektromagnetischen Wellen, wenn λ, die Wellenlänge, makroskopische Dimensionen erreicht, Millimeter, Zentimeter und mehr, von der Wahrheit ist es aber weit entfernt für die kürzeren Wellen, auch schon für den Teil, den wir mit unseren Augen als rote, grüne usw. Farben wahrnehmen. Die Atome wie Wasserstoff, Helium usw. sind kleine Oszillatoren, die Licht aussenden, wenn man Gase, die sie enthalten, auf hohe Temperaturen bringt oder sie mit einer elektrischen Entladung anregt. Aber diese Oszillatoren benehmen sich bei der Lichtaussendung ganz anders, als man nach dem von ihnen entworfenen Bilde erwartet hatte. Die Atome erwiesen sich als Oszillatoren sehr eigentümlicher Gesetzmäßigkeiten. Läßt man beispielsweise das Licht von Wasserstoffatomen, die durch eine elektrische Entladung zur Lichtaussendung angeregt werden, durch ein Prisma fallen (analog dem eingangs beschriebenen Versuch von Newton), so erhält man keineswegs das ganze Farbband, welches Newton im Sonnenlicht fand, sondern aus diesem nur eine Reihe sehr schmaler Streifen.

Man bezeichnet eine solche Lichtemission als *monochromatisch*, was besagen soll, daß aus dem kontinuierlichen Band aller Wellenlängen nur einzelne, getrennt liegende, schmale Bereiche auftauchen (siehe Abb. 57). Eine solche monochromatische Lichtemission ist aber nicht nur eine Eigenschaft des Wasserstoffatoms, sondern allgemein aller Elemente und auch der chemischen Verbindungen, vorausgesetzt, daß sie im Gaszustand vorliegen. Aber jedes Element und jede Verbindung hat ein besonderes Spektrum, eine individuelle Mannigfaltigkeit monochromatischer Licht-

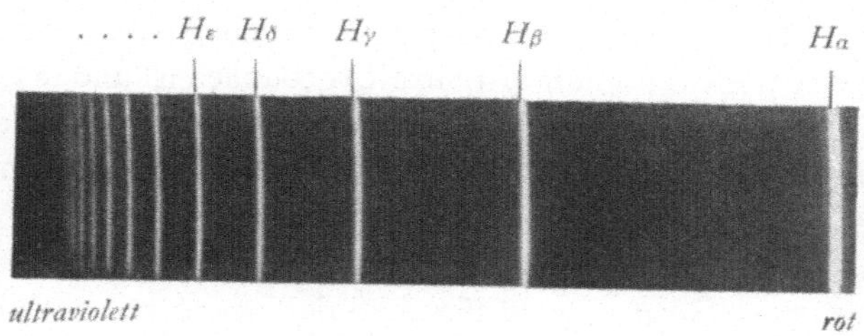

Abb. 57. Das sichtbare Spektrum einer elektrischen Entladung durch Wasserstoff. Aus *W. Kruse - W. Dieckvoss*, Die Wissenschaft von den Sternen, Verständl. Wiss. Bd. 42. 2. Aufl.

emissionen. Die Natur erlaubt also den Oszillatoren in den Elementen und Elementverbindungen nicht, ein kontinuierliches Band von Wellenlängen auszusenden, sondern unterwirft sie einer Beschränkung auf eine Reihe schmaler Bereiche. Gewöhnlich verwendet man bei der Erzeugung der Spektren dort, wo das Licht eintritt (an Stelle des Newtonschen Lochs im Fensterladen), einen schmalen, länglichen Spalt. Dies hat zur Folge, daß jede einzelne monochromatische Emission des Lichtes sich in der Form einer schmalen Linie abbildet (siehe Abb. 57). Es ist dies der Grund, daß im Sprachschatz der Spektroskopiker *Linie* dasselbe bedeutet wie *eine monochromatische Lichtemission.*

Die Entdeckung der Linienemission der Elemente (und Verbindungen) stellte die Physiker vor ein vollständig neues Problem in bezug auf die Vorgänge, welche das Licht erzeugen wie aber auch in bezug auf die Natur des Lichtes selbst. In anderer Form warf sich dieses Problem ebenfalls auf im Zusammenhang mit der Lichtausstrahlung fester, rotglühender Körper.

Feste Körper wie etwa die Fäden einer Glühlampe geben kein Linienspektrum sondern füllen mit ihrem Licht die Wellenlängenskala kontinuierlich. Das Sonnenlicht liefert ebenfalls — wie alle Sterne — ein kontinuierliches Spektrum. Das gilt jedenfalls mit einer (bei unserem jetzigen Standpunkt)

unwesentlichen, geringfügigen Einschränkung. In der Verteilung der Licht-
stärke über das Wellenlängenband hinweg zeigen die strahlenden festen Körper
wie auch die Sternoberflächen eine bestimmte Gesetzmäßigkeit, die im Zusammenhang steht mit der Temperatur des Körpers bzw. des Sternes. Man
bezeichnet diese kurz als das Gesetz der Energieverteilung der Temperaturstrahlung. Geht man von sehr langen Wellenlängen aus nach der Seite der
kleineren Wellenlängen, so steigt die Intensität der Strahlung stetig an,
erreicht bei einem bestimmten λ einen Maximalwert und fällt dann wieder ab.
Dieser Verlauf wie auch die Lage des Energiemaximums ändert sich aber mit

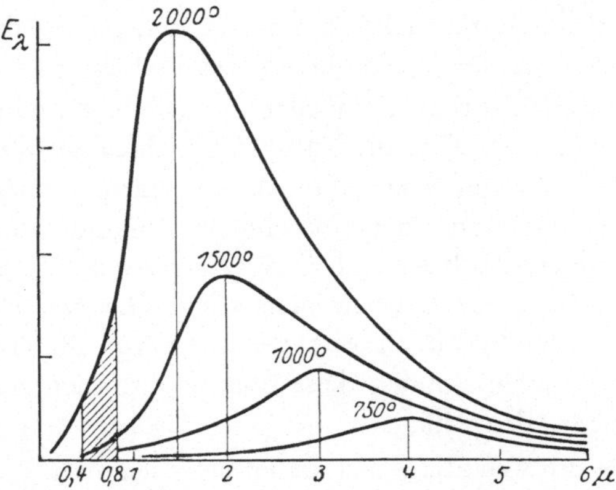

Abb. 58. Die Intensitätsverteilung im Spektrum eines glühenden, festen
Körpers für verschiedene Temperaturen. Der schraffierte Teil entspricht dem
sichtbaren Spektrum vom Violetten bis zum nahen Infraroten. Aus *W. Kruse-
W. Dieckvoss.*

der Temperatur des Körpers (siehe Abb. 58). Bei der Sonne, deren Ober-
flächentemperatur rund 6000° beträgt, findet man das Energiemaximum im
blau-grünen Teil des Spektrums.

Die Physiker mußten zu Ende des vorigen Jahrhunderts feststellen, daß
man mit Hertzschen Oszillatoren als Lichtspender das Gesetz der Energieverteilung der Temperaturstrahlung ebensowenig erklären konnte wie die
Linienspektren der Atome.

Zupfen wir eine Klaviersaite an, so gerät diese in periodische Schwingungen, die allmählich abklingen. Das Abklingen der Schwingung (die
Schwingweite wird kleiner und kleiner) bedeutet energetisch gesehen einen
kontinuierlichen Übergang der Schwingungsenergie der Saite auf die um-
gebende Luft, die sie in Wellen weiterträgt. Trifft die Luftwelle irgendwo auf
einen anderen Oszillator (eine zweite Saite oder unser Trommelfell), der in
dem gleichen oder einem angenähert gleichen Rhythmus schwingen kann, so
überträgt die Luft Energie auf diesen, der sie aber dann wiederum an die
Luft abgibt und abklingt, sobald die Zufuhr von dem ersten Oszillator
aufhört. Für die Ausbreitung und den Transport von Energie in Wellen
ist es offensichtlich charakteristisch, daß die Energie bis zum vollständigen
Abklingen kontinuierlich fließt. Ein heftiger Anschlag der Klaviersaite läßt

diese weit ausschlagen, ein stärkerer Anschlag im Schwingungsvorgang ist begleitet von einem stärkeren Ton, d. h. die Energie der Welle wird gesteigert.

Im Anschluß an seine theoretischen Untersuchungen über die kontinuierliche, alle Wellenlängen enthaltende Temperaturstrahlung fester Körper stellte *M. Planck* im Jahre 1900 die Behauptung auf, daß die Oszillatoren der Lichtstrahlung weder die Eigenschaft besitzen, durch beliebige Änderung der Amplitude jede Energiemenge zu tragen, noch die Fähigkeit, im Abklingen ihre Energie allmählich zu verlieren und an den Äther abzugeben. Das war das Ende der Wellentheorie des Lichtes, was allerdings nicht besagte, daß fortan die Wellenvorstellung als ganz unnütz beiseite zu legen sei. Was die Natur des Lichtes betrifft, so ging die Plancksche Behauptung dahin, daß in einem Lichtstrom die Lichtenergie immer in einer Unmenge bestimmter kleiner Portionen zusammengeballt ist und diese *Quanten* sich mit der Lichtgeschwindigkeit c vorwärtsbewegen. Diese Quanten sind nicht etwa ewig beständig, doch erst wenn sie auf Materie (Gase, feste Körper) treffen, können diese Energieportionen zusammengelegt oder zerteilt werden.

Die Begriffe der Wellenlänge und der Frequenz sind nicht etwa aus der Theorie des Lichtes verschwunden. In bestimmten Versuchen offenbart jede Lichtstrahlung Eigenschaften, die im Makroskopischen für Wellen und Wellenausbreitung charakteristisch sind und durch prismatische oder ähnliche Zerlegung sind jederzeit die monochromatischen Bestandteile eines Lichtstromes zu erfassen. Um aber allen bekannten Tatsachen des Lichtphänomens gerecht zu werden, ist die Wellentheorie in befremdlicher Weise abzuändern und zu ergänzen, befremdlich für das dem Menschen angeborene Bedürfnis, die physikalische Welt mit den Begriffen und Vorstellungen der Alltagserfahrung zu beschreiben. Aber *Plato* wußte schon, daß die sichtbare Welt für die Erkenntnis ein Gefängnis bedeuten kann, ein Gedanke, der allen großen Philosophen geläufig gewesen ist. Der eingeengte „Blick" unserer Sinne wird schon offenkundig durch die Tatsache, welchen fast verschwindend kleinen Streifen unsere Augen aus dem gesamten elektromagnetischen Spektrum (siehe Abb. 56) erfassen. In der modernen Atom- und Lichttheorie spricht der Physiker von Partikeln, deren Massen $0{,}0^{23}16$ (23 Nullen) Gramm und weniger betragen, von Längen gleich $0{.}0^{8}5$ cm und kleiner. Wie weit sind diese Größenordnungen von dem entfernt, war wir direkt noch als Wirklichkeit erkennen können. Wenn bis in unser Jahrhundert hinein die Physiker das Ideal einer Deutung der Naturerscheinung darin sahen, von allem einleuchtende mechanische Modelle aus Kugeln, Bahnen, Schwingungen und Wellen zu bauen, so erfolgte vor zwanzig bis dreißig Jahren die Besinnung darauf, daß darin vielleicht ein Hemmnis für einen weiteren Fortschritt liegen könne. *W. Heisenberg* verwies im Jahre 1925 mit der Frage: „Was beobachten wir wirklich von einem Atom"? darauf, alle unbewiesenen Vorstellungen und Behauptungen aufzugeben und bei der Aufstellung einer Theorie sich auf

eine Verknüpfung von dem zu beschränken, was der Beobachtung wirklich
aufgezeigt werden kann. Der Erfolg war die neuere Quantentheorie (Quanten-
mechanik). Man erkannte, daß die Materie etwas weit Verwickelteres ist als
eine Ansammlung von kleinen, elektrisch geladenen Partikeln und das Licht
etwas anderes als nur eine Ätherwelle.

In der modernen Theorie wird darauf verzichtet, ein anschau-
liches Bild von den Atomen zu entwerfen. Im Zusammenhang
mit der Lichtemission geben sich die Atome dadurch zu erkennen,
daß sie Licht bestimmter Wellenlängen — bzw. Frequenzen —
aussenden. Wir können für jedes Atom die Anordnung dieser
ihm eigenen Frequenzen messen, ihre Intensitäten, ihre Beeinflussung durch elektrische und magnetische Felder, durch Druck
und Temperatursteigerung.

Die Linienserien der Atome sind umdeutbar in Energiestufen, die
diese durchlaufen können, wenn ihnen die passenden Energien
zugeführt werden. Ähnliche Linienserien, aber von komplizier-
terer Zusammensetzung findet man auch bei den chemischen
Verbindungen, den Molekülen. Auch sie sind umdeutbar in Energiestufen. *Planck* hatte in seinen Untersuchungen über die Temperaturstrahlung den Beweis erbracht, daß die Atomoszillatoren
stets ihre Strahlung sprunghaft in Quanten $h\nu$ abgeben und auf-
nehmen. h ist eine stets gleichbleibende konstante Größe, $\nu = c/\lambda$
die Frequenz des Lichtes, die bei einem solchen „Quantensprung"
entsteht (Emission). Wie schon bemerkt, ist jedes Atom in seiner
Lichtemission (und ebenfalls Absorption) auf eine bestimmte
Mannigfaltigkeit von Frequenzen ν beschränkt. Diese Mannigfaltigkeit gibt zunächst die Differenzen zwischen den möglichen
Energiestufen, woraus aber die Anordnung der Stufen selbst
entnommen werden kann.

Wir wollen hier noch bemerken, daß es ein charakteristischer Zug der
Theorie ist, daß sie den Unterschied zwischen Welle und Materieteilchen auf-
gehoben hat. Zu dieser Auffassung trug die Tatsache bei, daß man auch an
den Elektronen Eigenschaften einer Wellennatur entdeckte.

b) Bandenspektren und Chemie

Die Atmosphäre eines Kometen leuchtet vorwiegend in einfachen chemischen Verbindungen. Das Spektrum der Köpfe hat
einige Ähnlichkeit mit dem eines elektrischen Kohlelichtbogens.
Im violett-blau-grünen Bereich emittiert die leuchtende Gassäule
zwischen den Polen eines Kohlelichtbogens eine ganze Reihe

einseitig abschattierter „Bänder" (siehe Abb. 59). Bei genügender Vergrößerung und Auflösung läßt sich erkennen, daß die Bänder sämtlich aus einer Unzahl gesetzmäßig angeordneter Einzellinien

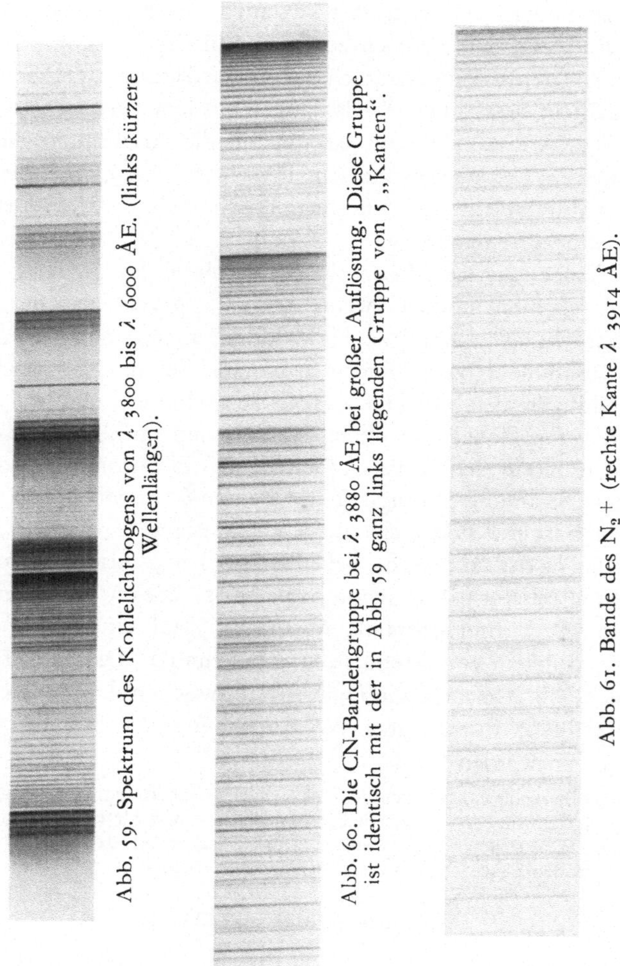

Abb. 59. Spektrum des Kohlelichtbogens von λ 3800 bis λ 6000 ÅE. (links kürzere Wellenlängen).

Abb. 60. Die CN-Bandengruppe bei λ 3880 ÅE bei großer Auflösung. Diese Gruppe ist identisch mit der in Abb. 59 ganz links liegenden Gruppe von 5 „Kanten".

Abb. 61. Bande des $N_2{}^+$ (rechte Kante λ 3914 ÅE).

bestehen (siehe Abb. 60 u. 61). Linienspektren dieser Art, die sich in abschattierten „Bändern" anordnen, werden von den Spektroskopikern kurz als *Banden* bezeichnet. Man weiß seit langem, daß sie von chemischen Verbindungen (Molekülen) erzeugt werden. Die genannten Banden der Lichtsäule des Kohlebogens stammen insgesamt von drei verschiedenen „Trägern", die sämtlich zweiatomig sind und Verbindungen zwischen den Elementen Kohle, Wasserstoff und Stickstoff darstellen: das zweiatomige Kohlemolekül $= C_2$, Cyan $= CN$ und das zweiatomige Kohlehydrid $= CH$. Chemisch gesehen sind diese drei Molekülsorten nicht sehr beständig, d. h. sie zeigen eine starke Tendenz, sich unter sich oder mit anderen Atomen oder Molekülen zu komplizierteren Verbindungen zusammenzuschließen. Man betrachtet sie deshalb unter chemischem Gesichtspunkt als aktive Bruchstücke bestimmter „Muttermoleküle", aktiv in dem Sinne, daß sie bis zu einer gewissen „Absättigung" andere Atome an sich reißen, falls sie dazu die Gelegenheit haben. In den Kometenatmosphären fehlt ihnen eine Gelegenheit dazu und zwar deshalb, weil sie infolge einer extrem hohen Gasverdünnung kaum auf ein anderes Atom oder Molekül treffen. Das gibt ihnen eine relativ lange Beständigkeit.

Im Studium der Kometenspektren ist der feineren Struktur der Banden sehr viel Aufmerksamkeit zu widmen. Das hängt damit zusammen, daß diese Strukturen sehr empfindlich sind gegenüber den allgemeinen physikalischen-chemischen Bedingungen der Atmosphäre, in welcher die Moleküle vorliegen. Sie sind vor allem empfindlich in bezug auf die Temperatur- und Druckverhältnisse. Die Zusammenhänge sind ein wenig kompliziert. Da jedoch die ganze Physik und Chemie der Kometen von einer Einsicht in diese Komplikationen abhängt, so sollen sie hier nicht einfach übersprungen werden.

Die Lichtemission, die von einer bestimmten Molekülsorte ausgeht, ordnet sich im Gröberen zunächst in *Bandensysteme*. Man hat unter einem einzelnen System eine kleine oder größere Anzahl von Einzelbanden zu verstehen, die einander benachbart liegen, von denselben Trägern herrühren und eine ganz ähnliche innere Struktur haben. Innere Struktur bedeutet hier die gesetzmäßige Anordnung der zahlreichen Einzellinien, aus der jede Bande besteht. So tritt im Kohlebogen jedes der beiden Moleküle C_2, CN, in dem violett-blau-grünen Spektralbereich mit je einem System auf. In anderen Wellenlängenbereichen (Rot, Infrarot,

Ultraviolett) liegen noch weitere Systeme. Das CH Molekül hat im blau-violetten Gebiet zwei Systeme, die aber beide sehr bandenarm sind. Die Zahl der Einzelbanden eines Systems schwankt zwischen einigen wenigen bis hundert. Eine feste Regel darüber gibt es nicht.

Photographiert man die Banden mittels eines Spektralapparates genügender auflösender Kraft, so zeigt sich in der Nähe der Kante ein „Ursprung" der Linienserien. Dieser Ursprung fällt selten direkt in die Augen und kann meist nur durch Ausmessung der Linien gefunden werden. Die Anzahl und Anordnung der Serien in einer Einzelbande ist in allen Banden eines Systems dieselbe. Sie lassen sich durch relativ einfache algebraische Formeln darstellen. Ebenso zeigt die Gesamtheit der *Serienursprünge aller Banden* eine einfache gesetzmäßige Anordnung.

Eine *einzelne Linie* entsteht immer dadurch, worauf nochmals aufmerksam gemacht sei, daß der „Moleküloszillator" einen Sprung von einem bestimmten Energieniveau auf ein bestimmtes zweites Energieniveau macht. Die Differenz der Energien in beiden Niveaus ist genau gleich hv, wenn v die Frequenz der Linie ist, die wir gerade betrachten. Die Ausmessung der Linienserien liefert also zunächst nur die Differenzen zwischen den im Molekül ausgebildeten Energieniveaus, nicht diese selbst. Es ist aber ohne besondere Schwierigkeit möglich, die letzteren aus den ersteren zu erschließen, wobei die regelmäßige Anordnung der Linienserien eine unzweideutige Handhabe liefert. Die Verschachtelung der Energiestufen, die sehr zahlreich sind, läßt sich am einfachsten übersehen, wenn man zunächst nur die heraushebt, welche der *ersten Linie in jeder Einzelbande* entsprechen. Diese ersten Linien allein entstehen bei Sprüngen zwischen zwei *Niveauserien*, wie sie in der Abb. 62 gezeigt sind. In jeder der beiden Folgen wird nach oben hin der Abstand zwischen zwei aufeinanderfolgenden Stufen allmählich kleiner und kleiner. Jede einzelne Stufe dieser Niveauserien ist aber nur der Anfang einer weiteren, enger angeordneten Serie. Die Anfänge dieser zweiten Art von Energiestufen sind in der Abb. 63 eingezeichnet. Schließlich soll dann die Abb. 63 noch erläutern, wie die Energiesprünge zwischen einer oberen und unteren Niveauserie mit den Linienserien einer einzelnen Banden zusammenhängen.

Es ist sicherlich etwas überraschend, daß sich dieser relativ komplizierten Energiestufenmannigfaltigkeit eine weitgehend befriedigende Deutung an einem „mechanischen" Molekülmodell geben läßt, wenn auch dasselbe, sobald man die feinsten Einzelheiten beachtet, uns etwas im Stiche läßt.

Ein zweiatomiges Molekül wie beispielsweise das Cyan (CN) entsteht dadurch, daß das eine Atom (C) eng an das zweite (N) gebunden wird. Diese Bindung ist aber nicht starr sondern läßt dauernd schwankende Änderungen des gegenseitigen Abstandes zu. Die Bindungskräfte sind elektrischer Natur und werden durch die positiven Ladungen der Kerne der Atome und die negativen Ladungen der Elektronen bewirkt. Es ist nicht möglich, sich auf Grund einer bestimmten örtlichen Anordnung der Ladungen die Bindung verständlich zu machen; so weit geht die

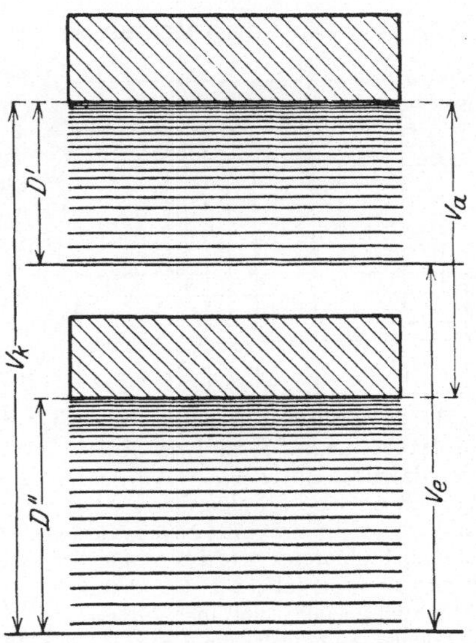

Abb. 62. Energiestufen eines Moleküls, die auf Grund der Schwingung der Atome gegeneinander zustandekommen. Auf jeder einzelnen Stufe baut sich eine zweite Energiestufenfolge der Form der Abb. 63 auf. (Der Maßstab der beiden Abbildungen ist nicht vergleichbar.) Die obere Serie (Abb. 62) unterscheidet sich von der unteren dadurch, daß ein Elektron des Molekülverbandes in einer energetisch höheren Bahn läuft.

Leistung des mechanischen Modells nicht. Dagegen führt es zu keinen Widersprüchen, wenn man die Energiestufen der ersten Art, die aus den Ursprüngen der Banden gewonnen wurden, als *Schwingungszustände* des zweiatomigen Moleküloszillators deutet. Die Gründe, welche diese Deutung rechtfertigen, können hier nicht aufgezählt und besprochen werden, da uns dies allzuweit von unserem eigentlichen Thema wegführt. Die obere Serie der Schwingungsniveaus unterscheidet sich von der unteren dadurch und erhält dadurch ihre höhere energetische Lage, daß gleichzeitig ein Elektron des Molekülverbandes ein speziell ihm eigenes, höheres Energieniveau einnimmt. Diese Energie des Elektrons allein wäre in unserem Schema durch den Abstand des oberen Schwingungsniveaus 1 vom unteren Schwingungsniveau 1 zu kennzeichnen. Nun, wie sind im Anschluß an das Modell die engeren, so sehr zahlreichen Energiestufen zu deuten, welche sich auf jedem Schwingungsniveau aufbauen? Diese hängen mit der Rotation des Moleküls zusammen. Nach dem Modell ist das Molekül eine Art Hantel, bei der die Kugeln etwas gegeneinander schwingen. Von einem solchen Gebilde läßt sich aber auch erwarten, daß es bei seitlichen Stößen in Rotation gerät.

Zusammenfassend soll nur erwähnt werden, daß die mathematische Behandlung eines solchen Gebildes nach der Quantentheorie genau die Energiestufen ergibt, die man aus den Bandenanalysen gewinnt.

Bevor wir das Spektrum der Kometen näher betrachten, müssen wir vor allem noch einen chemischen Prozeß erwähnen, der durch eine Bestrahlung mit Licht an Molekülen hervorgerufen werden kann und dem in den Kometen eine ganz besondere Bedeutung zukommt. Die Chemiker bezeichnen diesen als *photochemischen Primärprozeß* oder auch als *photochemische Dissoziation*. Licht von geeigneter Frequenz kann chemische Bindungen sprengen, das Molekül dissoziieren. Ob ein solcher Vorgang an einem Molekül in Gang gesetzt werden kann, hängt nicht allein von der *Intensität* des Lichtes, sondern auch von der Existenz geeigneter Frequenzen im Lichtstrom ab. Ungeeignete Frequenzen können auch bei größter Intensität den Prozeß nicht hervorrufen.

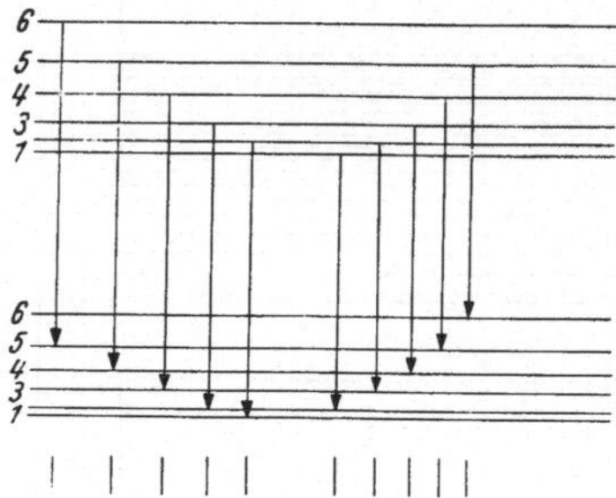

Abb. 63. Energiestufenfolgen eines Moleküls, die auf Grund der Rotation desselben entstehen. — Man denke sich die untere Folge dieser Abbildung jedem einzelnen Niveau der unteren Stufenfolge der Abb. 62 überlagert und die obere Folge dieser Abbildung jedem einzelnen Niveau der oberen Stufenfolge der Abb. 62. — Die senkrechten Pfeile kennzeichnen die „Energiesprünge" in deren Folge die einzelnen Linien einer Bande entstehen.

Die Bedingungen einer photochemischen Dissoziation lassen sich am einfachsten an dem Diagramm der Abb. 62 erläutern. In der Reihenfolge von unten nach oben bedeuten die Niveaus in der Abbildung, wie schon gesagt, Schwingungszustände zunehmender Energie. Die Niveauserie bricht dort ab, wo die Energie der Schwingung gleich wird der Bindungsenergie der beiden Atome aneinander, d. h. eine Energieaufnahme über diesen Grenzbetrag hinaus läßt die beiden Atome auseinanderfliegen, das Molekül ist dissoziiert. In der Abb. 62 sind zwei schraffierte Gebiete eingezeichnet. Diese schließen sich an die Grenzen der Schwingungsserien an. Kurz gesagt, um ein Molekül dissoziieren zu können, ist es erforderlich, dasselbe energetisch in diese Bereiche hineinzubringen. Wie man an der Abbildung erkennt, wechseln auf der Energieskala *stabile* und *instabile* Energiebereiche miteinander ab. Wir haben hier je zwei derselben aufgezeichnet, in Wirklichkeit setzt sich diese Folge in der Energieskala nach oben hin weiter fort. Die wahren Verhältnisse sind auch noch etwas verwickelter, wovon hier aber abgesehen werden soll, da uns die Erläuterung der prinzipiellen Punkte genügt.

c) Fluoreszenz, Photodissoziation und Photoionisation in den Kometenatmosphären

Die Strahlung der Sonne liefert ein kontinuierliches Spektrum. Das gilt mit einer gewissen Einschränkung, die wir aber zunächst übergehen können. Trägt man die Intensitätsverteilung im Sonnenlicht gegen die Wellenlängenskala auf, so ergibt sich das Bild der Abb. 64. Daraus erkennt man, daß die Strahlung am intensivsten ist in dem Wellenlängenbereich von etwa $\lambda = 3000$ Ångström Einheiten (abgekürzt ÅE) bis λ 10000 ÅE (1 Ångström Einheit $= 0.0^71$ cm [7 Nullen]). Jeder Komet ist der Sonnenstrahlung ausgesetzt, und selbstverständlich ist die absolute Stärke der Strahlung im Kometen um so größer, je näher derselbe an der Sonne steht. Bezeichnet r die heliozentrische Distanz, so variiert die absolute Intensität proportional mit $1/r^2$. Wenn Strahlung auf die Moleküle in den Kometen trifft, so können dieselben Strahlungsquanten absorbieren und damit in höhere Energieniveaus steigen. Nach dem, was vorausgeschickt wurde, müssen wir zwei verschiedene Arten solcher „Quantensprünge" unterscheiden. Das Molekül bleibt als solches nur erhalten, falls der Sprung nach oben in ein diskretes Schwingungsniveau führt. Tritt dagegen ein Übergang zu einem Energiewert auf, der sich nach oben hin an die Konvergenzstellen der diskreten Niveaus anschließt, so wird das Molekül zerstört.

Den Übergängen der Moleküle in die höheren *diskreten* Energieniveaus folgt stets wieder ein Quantensprung nach unten. Wie die Quantentheorie zeigt, kann jedem Energieniveau eine genau berechenbare Existenzdauer zugeschrieben werden. Sich selbst überlassen hat jedes Molekül (dasselbe gilt auch von Atomen) das Bestreben, in das Grundniveau mit der Energie Null überzugehen und seine Energie — wir wollen sie seine „innere Energie" nennen — in der Form von Strahlung abzugeben. Wir halten uns zunächst zur weiteren Erläuterung an das vereinfachte Niveau-

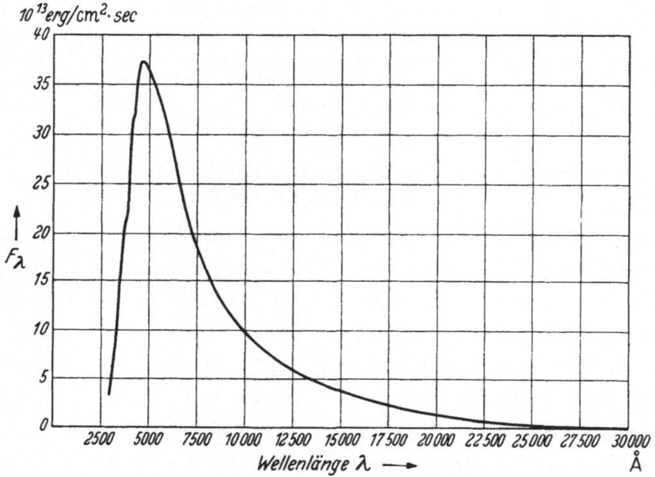

Abb. 64. Die Energieverteilung im Sonnenspektrum.

schema der Abb. 62 das wir erst später durch die Rotationsstufen ergänzt denken. Übergänge in diesem Schema liefern, wie oben erwähnt, je eine Linie am Ursprung einer Bande.

Bei den Molekülen, die wir in den Kometenspektren mit Banden beobachten, liefern nur die Quantensprünge, die von dem *oberen* Schwingungssystem in das untere führen eine Emission im violett-blau-grün-roten Spektralbereich, d. h. Wellenlängen zwischen λ 3000 und $\lambda = 7000$ ÅE. Quantensprünge innerhalb der beiden Schwingungssysteme selbst, die ebenfalls auftreten, können nicht direkt beobachtet werden, da die entsprechenden Wellenlängen im infraroten Gebiet liegen, wo der Beobachtung sehr große Schwierigkeiten entgegenstehen. Infrarote Kometenspektren liegen bisher noch nicht vor, abgesehen von dem ganz nahe an λ 7000 ÅE anschließenden Bereiche, in welchem aber Schwingungsübergänge noch nicht erfaßt werden können.

In den Kometenatmosphären sind bisher die folgenden Moleküle durch das Spektrum nachgewiesen worden: CN, C_2, CH, OH, NH, CO^+, CH^+, N_2^+, OH^+, CO_2^+. Wahrscheinlich sind auch die Gase NH_2 und CH_2 mit Banden vorhanden. Deren Entwirrung ist aber bisher noch nicht ganz einwandfrei gelungen, sodaß eine gewisse Unsicherheit in bezug auf die Existenz dieser Moleküle noch bestehen bleibt. Von den zehn sicher nachgewiesenen Verbindungen ist die Hälfte (CO^+, CH^+ usw.) mit einer positiven elektrischen Ladung versehen.

Die aufgeführten fünf neutralen Verbindungen CN, C_2, CH, OH, NH treten nur in den Kometenköpfen auf. Man findet sie niemals in den Schweifen. Die zwei Spektren der Abb. 65 vermitteln einen Überblick über die Banden und Bandenformen der einzelnen Verbindungen in den Kometenköpfen. Im oberen Spektrum reicht die Wellenlängenskala von λ 3050 bis λ 5000 im unteren von λ 3850 bis λ 6300. Das obere erstreckt sich also etwas weiter nach kürzeren Wellenlängen hin als das untere. Durch Verbindungsstriche ist angedeutet, welche Banden in beiden Spektren sich entsprechen. Man erkennt, daß im unteren Spektrum die Skala weniger umfangreich aber gedehnter ist als im oberen.

Wie sich zeigt, fällt der Löwenanteil am Kometenlicht auf die Banden des C_2 Moleküls. Es sind drei intensive Bandengruppen vorhanden, jede Bandengruppe besteht aus vier bis fünf Einzelbanden, die nach links (kleineren λ), abschattiert sind. Die Rotationslinien erscheinen noch nicht aufgelöst und fließen zu scheinbaren, kurzen Kontinua zusammen. Bei sehr hellen Kometen gelingt es unter Verwendung von größeren Spektrographen die Rotationsserien der C_2 Banden — wenigstens teilweise — aufzulösen und mit denen im Kohlebogen oder einer sonstigen künstlichen Lichtquelle zu vergleichen. Solche Vergleiche zeigen, daß in den Kometen diese Serien stets vorhanden sind aber nicht die Länge erreichen wie im Kohlelichtbogen.

In der Ausbildung der Rotationsserien zeigen die anderen Moleküle (CN, OH, NH, CH) sehr starke Anomalien. Einerseits sind die Serien immer ganz kurz und darüber hinaus besitzen die wenigen vorhandenen Glieder Unregelmäßigkeiten in den Intensitäten.

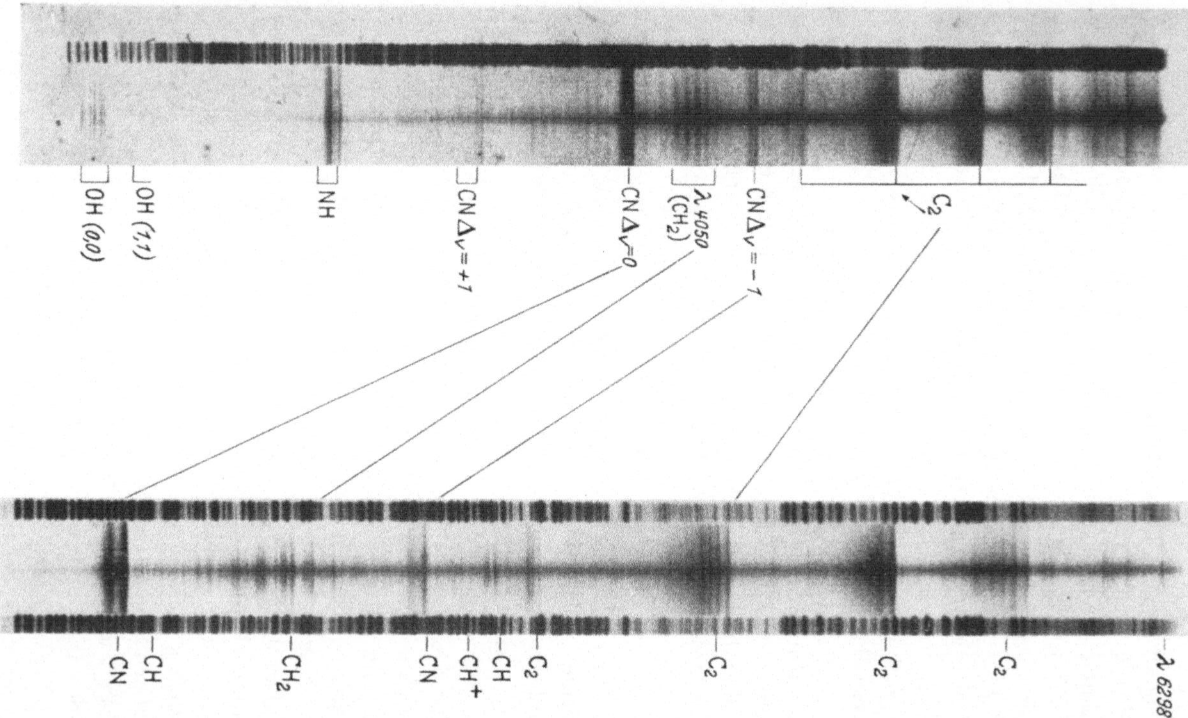

Abb. 65. Spektrum des Kometen Cuningham (1940c). (Aufnahmen von P. *Swings*, Liège, Belgien und MacDonald Observatorium, Texas, U. S. A.). Die Spektren an den Rändern sind Vergleichsspektren eines Eisenlichtbogens. Der durchgehende dunkle Streifen in der Mitte der Kometenspektren stammt vom Lichte des Kometenkernes und ist reflektierte Sonnenstrahlung.

Am leichtesten zu erkennen ist dies an den Banden des OH am
kurzwelligen Ende des Spektrums, bei denen die Rotationslinien
wegen der größeren Abstände voneinander schon getrennt in
Erscheinung treten. Besser als in der Abb. 65 ist die Struktur der
OH Banden in der nächsten Abb. 66 zu erkennen. Diese beiden
Liniengruppen von je etwa sechs Einzellinien repräsentieren zwei verschiedene, in der Linienzahl eben sehr verarmte Banden. Sehr ähnlich wie beim OH liegen auch die Verhältnisse bei den Verbindungen CN, NH und CH. Die Banden sind zu einigen wenigen Linien am Ursprung „degeneriert".

Die Feststellung, die wir gerade gemacht haben, hat sich in mehrfacher Hinsicht als äußerst bedeutungsvoll für eine Einsicht in die physikalischen Verhältnisse in den Kometen erwiesen. Die Vermutung, daß das Kometenspektrum direkt durch das Sonnenlicht (an den Kometengasen) erzeugt wird, ist schon ziemlich alt, blieb aber nicht ohne Widerspruch. Andere Meinungen gingen dahin, daß von der Sonne abgeschleuderte Atome und Elektronen die Kometengase „erhitzen" und so zum Leuchten bringen. Eine solche Auffassung war durchaus nicht von vornherein abzutun und leicht zu widerlegen. Es steht heute fest, daß die Sonne ständig Ionen (elektrisch geladene Atome) und Elektronen mit großen Geschwindigkeiten in den planetarischen Raum schleudert. In der modernen Sonnenbeobachtung gelingt es, besonders aktive

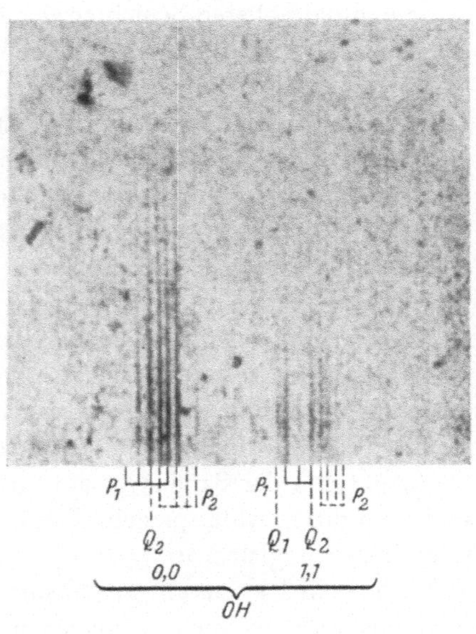

Abb. 66. Die OH-Banden im Spektrum des Kometen Bester. Aufnahme *P. Swings*, Liège, Belgien und *MacDonald* Observatorium, Texas, U. S. A.

Herde solcher Korpuskelströme auf der Sonnenscheibe direkt sichtbar zu machen. Im Raum der Erde selbst werden verstärkte Ströme dieser Art in zweifacher oder gar dreifacher Weise bemerkbar: als erdmagnetische Störungen, als Störungen im Radiowellenempfang und schließlich in sichtbarer Weise durch die Nordlichter. Die Nordlichter entstehen beim Eindringen der solaren Korpuskelströme in die höheren Schichten der Erdatmosphäre, die Ströme werden infolge ihrer elektrischen Ladung im Magnetfeld der Erde stark zu den Polen abgelenkt. Es ist wahrscheinlich, daß auch ein Komet ständig von solaren Korpuskeln bomdardiert wird. Neuerdings beginnt sich mehr und mehr die Auffassung durchzusetzen, daß dieser Vorgang bei der Schweifbildung der Kometen stark, wenn nicht sogar entscheidend mitwirkt.

Nichtsdestoweniger kommt den solaren Korpuskeln für das Leuchten der Kometen keine Bedeutung zu. Vielleicht liefern sie einen ganz minimalen Beitrag ,was sich aber schwer entscheiden läßt. Gegenüber der Anregung durch das Sonnenlicht fällt dieser jedenfalls überhaupt nicht ins Gewicht. Daß man dieses mit so großer Sicherheit behaupten kann, folgt einerseits daraus, daß die Strukturen der Banden gewisse „Unebenheiten" im Sonnenspektrum direkt widerspiegeln. Der Intensitätsverlauf in dem letzteren ist nicht gleichförmig sondern wird ständig unterbrochen von schmalen Einsenkungen (Absorptionslinien). In diesen Absorptionslinien, die sich an manchen Stellen stark anhäufen, ist die Sonnenstrahlung schwächer. Die Anregung einer bestimmten Rotationslinie in einer Bande ist aber nun stets an eine bestimmte Energie, d. h. bei Lichtanregung an eine bestimmte Wellenlänge des Lichts gebunden. Es zeigt sich, daß die Rotationslinien, deren Energien in eine Einsenkung fallen, auch schwächer erscheinen als die anderen. Die Zuordnung von Linie und anregender Wellenlänge im Sonnenspektrum ist hier ganz eindeutig.

Wie schon gesagt wurde, besitzt jedes Molekül eine größere Anzahl von Bandensystemen. Die einzelnen Systeme, die wir von den Molekülen in den Kometenspektren beobachten können, bilden aber eine bestimmte Auswahl aus der Gesamtheit der Systeme, welche die vorhandenen Moleküle besitzen. Zunächst ist es selbstverständlich, daß durch den erfaßbaren Spektralbereich eine Auswahl getroffen wird. Nach kurzen Wellenlängen schließt der erforschbare Bereich bei etwa λ 3000 AE ab. Unterhalb dieser Grenze sind die Luftschichten der Erdatmosphäre für Licht undurchlässig. Nach der Seite der längeren Wellenlängen existiert zwar keine feste endgültige Grenze, jedoch ist ein Vordringen über λ 8000 ÅE hinaus schon mit großen Schwierigkeiten verbunden, so daß unsere Kenntnisse der Kometenspektren vorläufig auf den Bereich von λ 3000 bis λ 8000 ÅE beschränkt bleiben. Man kann nun fragen, ob ein Bandensystem einer vorhandenen Verbindung, welches mit seinen Linien und Banden in den genannten Bereich fällt, im Kometenspektrum auch unbedingt in Erscheinung treten muß. Diese Frage ist zu verneinen. Es besteht kaum ein Zweifel darüber, daß in den Kometenatmosphären einige, wenn nicht sogar zahlreiche Gase existieren, die der genannten Bedingung genügen, aber trotzdem unerkennbar bleiben. Im allgemeinen läßt sich sagen, daß fast jede Verbindung innerhalb der Gesamtzahl ihrer Bandensysteme mindestens ein System (meist sogar mehrere Systeme) besitzt, welches in den photographisch-visuellen Bereich fällt. Die Anregung durch das Sonnenlicht nimmt hier aber eine Selektion vor, die in der Hauptsache durch die besondere Intensitätsverteilung der Sonnenstrahlung über der Energieskala (Wellenlängenskala) bedingt ist (siehe Abb. 58).

Wie aus der eingangs gegebenen Aufzählung hervorgeht, treten Stickstoff und Kohlenmonoxyd in den Kometenspektren in der Form von N_2^+ und CO^+ auf. Diese beiden Partikel besitzen Bandensysteme, die leicht durch die Sonnenstrahlung angeregt werden. Dasselbe gilt für die weiteren, genannten *ionisierten* Moleküle CH^+, OH^+ und CO_2^+. Diese ionisierten Moleküle entstehen aus den neutralen (N_2, CO, CO_2, CH, OH) durch Abspaltung eines Elektrons aus der Elektronenhülle. Indirekt ergibt sich damit ein Nachweis der Existenz der neutralen Moleküle CO, N_2, CO_2. CH und OH liefern, wie wir gesehen haben, auch in neutraler Form eine Bandenemission. Von den ionisierten Teilchen zeigt nur das CO^+ eine kräftige und leichterfaßbare Bandenemission. Aus diesem Grunde wurden diese Banden auch schon früh entdeckt. Sie sind aber in einem Kometen nur dann vorhanden, wenn eine Schweifentwicklung vorliegt. Die CO^+-Banden sind sehr zahlreich und erstrecken sich über den ganzen Bereich von λ 3000

bis λ 6000. Sie gehören zwei Systemen an, von denen das eine
jedoch im Vergleich zu dem anderen sehr schwach ist und erst
kürzlich entdeckt wurde (*P. Swings*). Beide Systeme zeigen scharf

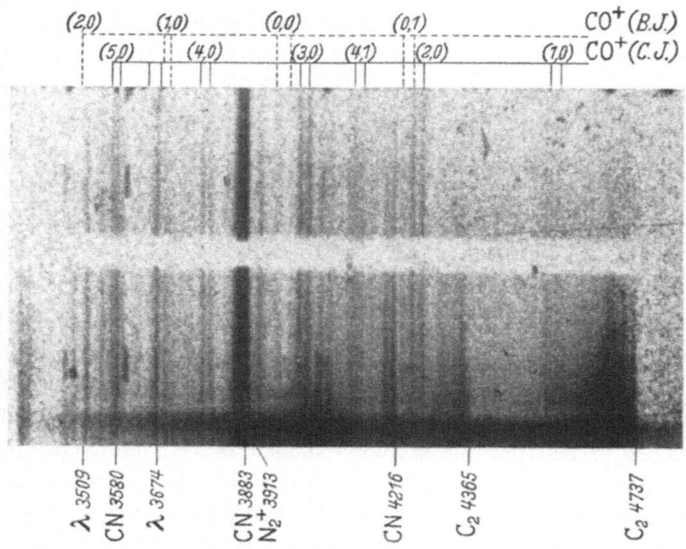

Abb. 67. Die Kometenschweifbanden (CO+) Komet Bester. (Aufnahme
P. Swings.)

ausgeprägte Kanten, die fast den Eindruck von etwas verbreiterten
Linien machen. In der Abbildung 67 findet man einen Ausschnitt
aus einem Spektrum, das eine Reihe Bandkanten beider Systeme
deutlich erkennen läßt.

19. Formation der Kometenatmosphären — Schweifbildung und Schweifstrukturen

Man hat Jahrzehnte geglaubt, über die Entstehung der Atmosphären der Kometen und über die Bildung der Schweife die
zutreffenden Ansichten zu besitzen. Das ist neuerdings jedoch
wieder etwas zweifelhaft geworden.

Nähert sich ein Kometenkern der Sonne, so muß er sich allmählich stärker erwärmen, da immer mehr Sonnenstrahlung auf

ihn fällt und von den bestrahlten äußeren Schichten zum Teil
absorbiert wird. Zunächst erfährt wegen der wahrscheinlich
nicht großen Wärmeleitfähigkeit des Materials nur eine äußere
Kruste eine stetige Temperaturerhöhung, die aber schließlich auch
mehr ins Innere dringt. Nichts liegt näher, als diesen Vorgang für
die Gaserzeugung des Kometenkerns verantwortlich zu machen.

Die in den Spektren festgestellten neutralen und ionisierten
Radikale CN, C_2, OH, CO^+ usw. entstammen sicherlich „Mutter-
molekülen" der Form H_2O, NH_3, CH_4, CO oder ähnlichen, von
denen sie durch photochemische Dissoziation und Ionisation abge-
spalten wurden. Die genannten mehratomigen Substanzen besitzen
bereits weit unter Zimmertemperatur einen hohen Dampfdruck
und werden deshalb schon bei mäßigen Temperaturen beginnen,
den Kometenkern zu verlassen. Dessen Gravitationsanziehung
reicht nicht aus, um sie in seiner Umgebung festzuhalten. Selbst
wenn keine weitere Beeinflussung der Gase hinzutritt, müssen
diese infolge der Wärmebewegung der Moleküle sich rasch vom
Kern entfernen und im Raume verlieren. Die große Ausdehnung
der Kometenköpfe und ebenso der starke Helligkeitsabfall vom
Zentrum nach den Rändern, den man besonders deutlich beim
visuellen Anblick und auf photographischen Aufnahmen schwacher Belichtung erkennt, zeigen, daß dies der Fall ist. Die Schweiferscheinung demonstriert dann, daß zusätzlich durch eine von
der Sonne ausgehende Kraft die Materie von den Köpfen weg-
getrieben wird. Die Atmosphäre eines Kometen muß sich also,
wenn sie bestehen bleiben soll, durch einen Zustrom von Gasen aus
dem Kern ständig erneuern. Es ist gelegentlich gelungen, an isolierten Gaswölkchen die Geschwindigkeiten der Ausbreitung wenigstens ungefähr zu bestimmen. In der Nähe des Kernes sind diese
von der Ordnung 1 km/sec, in den Schweifen dagegen sehr viel
größer, am Schweifbeginn etwa 10 km/sec, an den Schweifenden
50 bis 100 km/sec und auch mehr. Es gibt allerdings auch Gas-
ausbrüche am Kern, bei denen schon zu Beginn die Ausstoß-
geschwindigkeiten zwischen 10 und 100 km liegen. Eigentüm-
licherweise scheinen diese immer in Richtung zur Sonne vor
sich zu gehen und auch nur mit dem ionisierten CO^+ Molekül
verbunden zu sein, welches, wie oben schon bemerkt, den Haupt-
bestandteil der Schweife ausmacht. Die in der Richtung zur Sonne

ausströmenden Gase biegen bald infolge einer starken Beeinflussung durch die Repulsionskraft der Sonne zurück in den Schweif.

Unstimmigkeiten mit der einfachen Vorstellung einer Erzeugung der Atmosphäre durch die Erwärmung der Kometenkerne sind im Zusammenhang mit dem Bemühen aufgetreten, ein Verständnis für die häufig zu beobachtenden Helligkeitsfluktuationen der Kometen zu gewinnen.

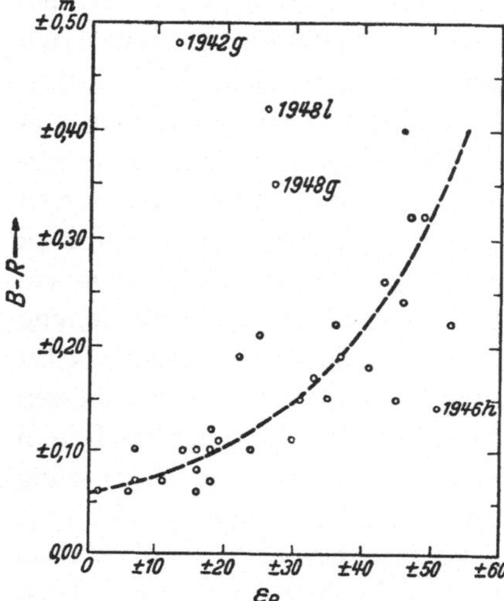

Abb. 68. Die Stärke der Fluktuationen der Kometenhelligkeiten (Ordinate) ist der Stärke der Fluktuationen der Sonnenflecken-Anzahlen (Abszisse) korreliert. (Nach *M. Beyer*, Hamburg-Bergedorf.) Jedem Kreis in der Abbildung entspricht ein bestimmter Komet. Die Lage im Diagramm ist bestimmt durch die durchschnittliche Stärke seiner Helligkeitsfluktuationen und durch die durchschnittliche Fluktuation der Sonnenflecken-Anzahlen während der Beobachtungsepoche.

Der Helligkeitsanstieg bei der Annäherung an das Perihel (und Abfall nach dem Perihel) verläuft bei keinem Kometen ganz glatt. Die Lichtkurven (siehe Abb. 10) zeigen fast stets sekundäre Maxima und Minima, die sich dem allgemeinen Anstieg (oder Abfall) überlagern. Bedenkt man alle Zufälligkeiten, herrührend von Form, Festigkeit, Rotation und chemischer Konstitution, die bei einem größeren Materiebrocken ins Spiel kommen können, so wird man an und für sich durch solche Helligkeitsschwankungen kaum überrascht sein dürfen. Es liegt nahe, sie auf eine wechselnde Intensität der Entgasung zurückzuführen, die eben durch die allgemeine unregelmäßige Konstitution des Kernes und die einseitige Bestrahlung bedingt sein mag. Gewisse sorgfältige Helligkeitsbeobachtungen der letzten 10 bis 15 Jahre an einer größeren Anzahl von Kometen scheinen jedoch zu verlangen, daß diese einfache Deutung revidiert oder doch wenigstens ergänzt werden muß. Nach *M. Beyer* besteht nämlich eine enge Korrelation zwischen den Helligkeitsschwankungen der Kometen und der Sonnenfleckenaktivität. Diese ist der Art, daß zu Zeiten hoher Fleckentätigkeit auf der Sonnenscheibe die Helligkeitsfluktuationen der Kometen häufig und groß sind, und umgekehrt werden die Fluktuationen klein und selten, wenn die Sonnenscheibe fleckenarm ist. (Siehe Abb. 68.) Es sei bemerkt, daß die *Schwankungen* in der Fleckenzahl mit der Gesamthäufigkeit derselben zu- und abnehmen. Außer dieser allgemeinen Korrelation hat *Beyer* eine ganze Reihe von Beispielen vorgebracht, bei denen hervortritt, daß singuläre Helligkeitsanstiege bei einem Kometen zeitlich relativ genau einer Zunahme der Fleckenzahl entsprechen (siehe Beispiel

Abb. 69). Weiterhin soll nach *Beyer* die Helligkeit eines Kometen stark davon abhängen, ob die Verbindungslinie Sonnenzentrum — Komet in die Nähe des Sonnenäquators oder die Nähe der Pole trifft (siehe Abb. 70). In der Umgebung der Sonnenpole existieren keine Sonnenflecke, diese erscheinen nur in einem Gürtel von $\pm$ 40° Ausdehnung um den Sonnenäquator.

Von dem Autor wird kein Versuch gemacht, seine Beobachtungsresultate zu deuten. Andere Autoren, die sich nach diesen Ergebnissen und auch früher schon mit der Frage eines evtl. Zusammenhanges zwischen Helligkeitsschwankungen und Sonnenaktivität (im allgemeinen Sinne) beschäftigten, haben die Meinung geäußert, daß eine solche Korrelation ohne weiteres verständlich gemacht werden kann, wenn man die hier in Frage kommende Aktivität als eine plötzliche Verstärkung der Ultraviolett-Strahlung der Sonne deutet. Die versuchte Deutung geht von der Vorstellung aus, daß um einen Kometenkern stets ein gewisser Vorrat an *Muttersubstanzen* der leuchtenden Gase (CN, C_2, CO^+ usw.) vorliegt und die verstärkte UV-Strahlung dessen beschleunigte Umwandlung hervorruft. Dagegen lassen sich jedoch sehr schwerwiegende Bedenken vorbringen. Was

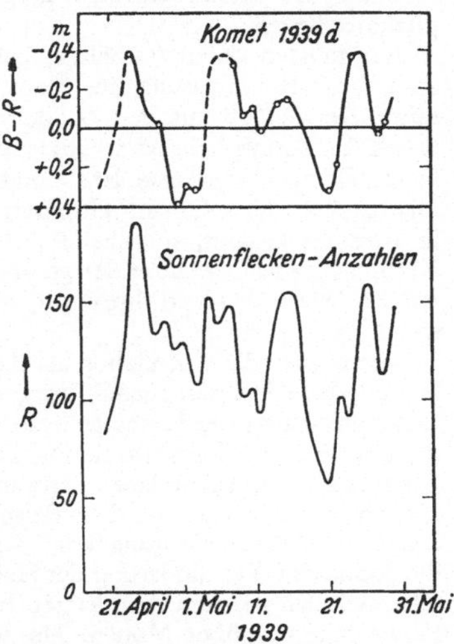

Abb. 69. Parallel verlaufende Fluktuationen der Sonnenflecken-Anzahlen und der Kometenhelligkeit. (*M. Beyer.*)

für die hypothetischen Muttersubstanzen gilt, trifft ebenfalls in Beziehung auf die Dissoziation auch auf deren Zerfallsprodukte zu, auch diese müssen durch eine Erhöhung der UV-Strahlung schneller zerstört werden. Weiterhin kann es stark bezweifelt werden, daß sich ein nennenswerter Vorrat der Muttersubstanzen

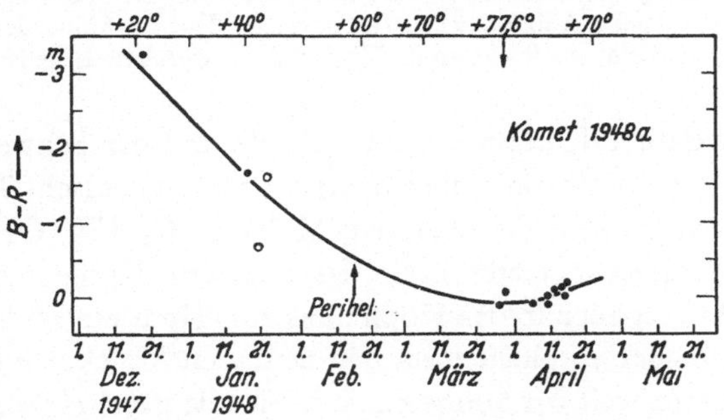

Abb. 70. Der Komet 1948a zeigte von Dezember 1947 bis Februar 1948 eine Helligkeitsabnahme um nahezu drei astronomischen Größenklassen, obwohl er näher an die Sonne herankam. In dieser Zeit wuchs seine heliographische Breite von 20° auf 60° an. (Nach *M. Beyer.*)

überhaupt ausbildet, da diese als mehratomige Verbindungen nach allen Erfahrungen im Strahlungsfeld der Sonne viel kurzlebiger sein werden als ihre Tochtersubstanzen. Es gibt noch weitere Argumente gegen die genannte Deutung, die jedoch hier nicht aufgeführt werden sollen, da sie etwas komplizierter liegen.

Wir müssen daran festhalten, daß der Leuchtvorgang selbst durch eine zusätzliche Beeinflussung der Kometen von der Sonne keine Änderung erfährt. Der Schluß aus den Bandenstrukturen auf eine Fluoreszenzanregung durch das Sonnenlicht ist so eindeutig, daß dieser nicht umgestoßen werden kann. Da weiterhin eine Erhöhung der Helligkeit durch Verstärkung der Dissoziation der schon im Gasraum vorliegenden Substanzen ebenfalls nicht in Betracht kommt, so scheint nur noch eine direkte Einwirkung auf die Kernmaterie zur Deutung der gefundenen Korrelation übrig zu bleiben. Auf welche Weise diese erfolgen soll, ist jedoch ganz unklar und schwer verständlich.

Nimmt man die Korrelation als absolut gesichert an, so zwingt dies zu dem Schluß, daß der unterliegende Vorgang praktisch allein für die Erzeugung der Gasatmosphären der Kometen verantwortlich ist und der Erwärmung durch die gewöhnliche Sonnenstrahlung keine besondere Bedeutung zufällt. Nach *Beyer* haben die sekundären Schwankungen Amplituden bis zu 2 Größenklassen (Faktor 5) und in dem Beispiel des Kometen 1948 a (siehe Abb. 74) ergibt die Breitenbewegung von $+ 20^0$ auf $+ 77^0$ trotz der Annäherung an die Sonne eine Verminderung der Helligkeit von 3 Größenklassen (Faktor 15). Offensichtlich ist nach dem letzten Beispiel die zunehmende Erwärmung des Kometenkernes über Monate hin vollständig ohne Belang. Diese Zusammenhänge haben die Situation vollkommen verwirrt. Der Autor hat die Ansicht geäußert, daß die Schwierigkeiten der Deutung vielleicht darin eine Erklärung finden können, daß sich seine Ergebnisse allein auf solche Objekte beziehen, die eine andere Klasse von Kometen darstellen als die, für welche auf Grund der beobachteten Spektren die bis jetzt ausgearbeitete physikalische Theorie entwickelt worden ist. Es stimmt, daß der größere Teil der herangezogenen Objekte wegen der geringen Helligkeiten nicht spektroskopisch überwacht worden ist. Es ist nicht ganz ausgeschlossen, daß diese Kometen einen besonderen Typus darstellen. Dieser Einwand gilt jedoch nicht für alle bearbeiteten Glieder und zudem ist gerade das repräsentativste Beispiel (siehe Abb. 69) ein ganz normaler Fall im Sinne der photochemischen Theorie, wie Spektren und Struktur dieses relativ hellen Kometen lehren.

Die chemische Komposition der Köpfe und der Schweife der Kometen ist, wie schon früher bemerkt, nicht identisch. Typisch für die ersteren sind die neutralen Moleküle C_2, CN, OH, NH, für die letzteren in erster Linie das ionisierte Kohlenmonoxyd CO^+. CO^+ ist auch in den Köpfen bis zum Kern hin vorhanden, breitet sich aber verglichen mit den neutralen Molekülen C_2 und CN nicht sehr weit zur Sonne hin aus. Für die Beschränkung von C_2 und CN (und anderen) auf das Kopfvolumen läßt sich im Anschluß an die Dissoziationstheorie eine Erklärung finden: Die Moleküle werden dissoziiert oder ionisiert bevor sie in den

Abb. 71. Abgerissener Schweif beim Kometen Morehouse 1908. (Aufnahme *M. Wolf*, Sternwarte Heidelberg.)

Schweif abgetrieben sind. Man kennt bisher nicht die Dissoziationsprodukte von C_2 und CN, ebensowenig deren „Muttersubstanzen". Deren Spektren liegen entweder außerhalb des erfaßbaren Spektralbereiches oder sie sind zu schwach. Da das

ionisierte Kohlenmonoxyd lange Schweife bildet, so wäre also zu
schließen, daß dasselbe im Gegensatz zu den neutralen Partikeln
sehr langlebig ist und von der Sonnenstrahlung nicht leicht umgewandelt werden kann. Es gibt augenscheinliche Beweise für die
Richtigkeit dieser Annahme. Isolierte Schweifwolken und ab-

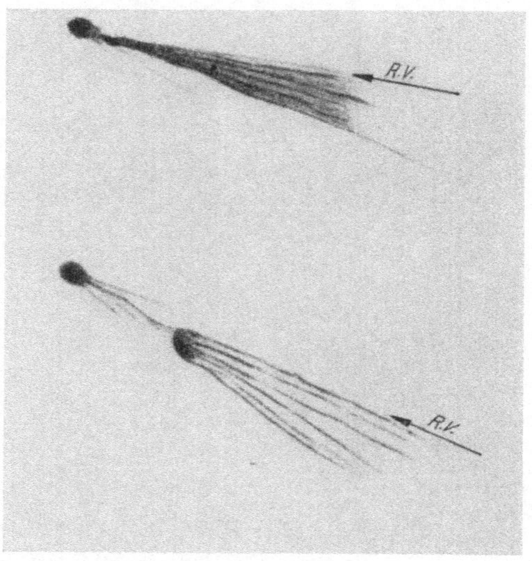

Abb. 72. Abgerissenes und sich verbreiterndes Strahlenbündel beim Kometen
1892 I (Zeichnung nach Aufnahmen in den Publ. des Lick-Obs., Band XI).
Bild des Kometen am 6. April (oben) und 7. April 1892. Die Wolke am Kopf
des Strahlenbündels konnte noch drei Tage später (10. April) photographiert
werden.

gerissene Schweife sind vielfach schon photographisch über mehrere Tage bis zu einer Woche verfolgt worden (siehe Abb. 71 u. 72)
    Wenn die Geschwindigkeit der neutralen Teilchen, mit der
diese sich von der Umgebung des Kometenkernes entfernen, mit
der heliozentrischen Distanz sich nur wenig oder gar nicht ändert,
so ist zu erwarten, daß die Köpfe sich mit der Annäherung an
das Perihel zusammenziehen. Mit abnehmender Distanz von der
Sonne nimmt ja die Stärke der dissoziierenden Strahlung am Ort
der Gase zu, d. h. aber, die Existenzdauer der Moleküle wird abgekürzt. Sie vermögen sich bis zur eintretenden Aufspaltung

weniger und weniger weit vom Ursprung zu entfernen. Wegen der Unregelmäßigkeiten in der Gasentwicklung und der allgemeinen Helligkeitszunahme zum Perihel hin ist kaum zu erwarten, daß dieser Kontraktionseffekt bei jedem Kometen klar in Erscheinung tritt. Es ist aber eine schon seit Jahrhunderten bekannte Tatsache, daß sehr sonnennahe Kometen immer kleine Köpfe zeigen und deren Ausdehnung bei größeren Sonnendistanzen dagegen stets sehr viel größer ist (vgl. dazu Tabelle 12). Die Dissoziationstheorie liefert dafür ganz zwanglos eine Erklärung.

Wenden wir uns nun zur physikalischen Ursache der Schweifbildung. Die Schweifmaterie ist einer beschleunigten Bewegung unterworfen, die Geschwindigkeit der Schweifgase nimmt vom Kopf bis zum Schweifende stetig zu. Es wurde seit der zweiten Hälfte des vorigen Jahrhunderts bis heute sehr viel Mühe darauf verwandt, die Geschwindigkeiten und Beschleunigungen zu bestimmen. Trotzdem bleiben aber die Resultate, insbesondere in bezug auf die Beschleunigungen, sehr ungenau und unsicher. Die Schwierigkeiten können hier nicht genauer dargelegt werden, sie beruhen letzten Endes darauf, daß die wahren räumlichen Bahnen der Moleküle schwer zu ermitteln sind. Verfolgt man die Bewegung isolierter Schweifwolken am Himmel über längere Zeit — und nur dieser Weg verspricht überhaupt Erfolg — so verbreitern diese sich sehr bald, werden diffuse und unscharf, womit dann die Positionsänderungen gar nicht genau bestimmbar sind. Eine Unschärfe kommt in die Positionen auch schon dadurch hinein, daß die photographischen Aufnahmen der meist nur mäßig hellen Schweifwolken gewöhnlich Belichtungen von einer Stunde oder mehr beanspruchten. Während dieser Zeit hat sich die Lage der Wolke am Himmel aber schon merklich geändert. Im Gegensatz zu der Massenattraktion der Sonne bezeichnet man die Beschleunigungskraft, die auf die Schweifteilchen wirkt, als Repulsionskraft, da sie offensichtlich die umgekehrte Richtung hat wie die Schwereanziehung der Sonne. Ihren numerischen Wert μ drückt man gewöhnlich in der Einheit der Schwereanziehung der Sonne aus, wie diese an derselben Stelle wirkt. $\mu = 50$ bedeutet also, daß am Ort der Schweifwolke die Repulsionskraft die Schwerkraft der Sonne um den Faktor 50 überwog. Soweit sich nach den bisher vorliegenden Untersuchungen ein Urteil gewinnen läßt, ist der Wert von μ allgemein zwischen 20 bis 100 zu suchen. Es sind gelegentlich auch wesentlich höhere Zahlen von 1000 bis 4000 genannt worden, doch ist es sehr fraglich, ob diesen wirklich eine Bedeutung zukommt.

Ein Verständnis für die Repulsivkräfte in den Schweifen ergab sich scheinbar nach dem Nachweis der Existenz eines Lichtdruckes. Wird Strahlung durch Gasmoleküle absorbiert, so erleiden die Moleküle kleine Impulse in der Fortschreitungsrichtung des auffallenden Lichtes. Jedes einzelne Strahlungsquant überträgt einen Impuls hv/c, worin h die Plancksche Konstante, v die Frequenz des Lichtes und c die Lichtgeschwindigkeit bedeutet. Die durch solche Impulse einem Molekül sekundlich erteilte Beschleunigung wird also um so größer sein, je mehr Strahlungsquanten sekundlich absorbiert werden. Dies wird wiederum davon abhängen, wie dicht die Quanten auf das Molekül einprasseln und welchen Bruchteil davon es aufnimmt. Die vorbeigehenden Quanten übertragen keinen Impuls. Die Quantendichte der Sonnenstrahlung für irgendeine Distanz von der Sonne können wir genau berechnen. Die Absorptionsfähigkeit der CO^+ Moleküle ist eine etwas unsichere Sache. Sie muß nach der Quantentheorie berechnet werden, was aber, wenn man genaue Angaben verlangt, heute noch nicht möglich ist bzw. einen enormen Arbeitsaufwand erfordert. Es liegen bisher nur ungefähre Zahlenwerte für diese Absorptionsfähigkeit der CO^+ Moleküle vor und diese sind insofern sehr enttäuschend, da sie zusammen mit der Quantendichte der Sonnenstrahlung die großen μ-Werte von 20 bis 100 nicht erklären können. Die letzteren sind um einen Faktor von rund 10 bis 100 zu groß und die Physiker sind der Meinung, daß auch genauere Werte der Absorptionsfähigkeit des CO^+ diese große Abweichung nicht beheben werden. Nachdem diese Schwierigkeit erkannt worden war, wurde ein neuer Gedanke vorgebracht (*L. Biermann*), der vielleicht eine Lösung des Rätsels bringt. Nach diesem sind möglicherweise die Ionen und Elektronenströme, die dauernd von der Sonne in den planetarischen Raum fließen, imstande, Beschleunigungen von der gewünschten Größe zu erzeugen, ohne daß die Ionen und Elektronen (denn dies darf nicht eintreten) die Moleküle zerstören oder zum Leuchten anregen. Es ist noch zu früh, um endgültig entscheiden zu können, ob damit die wahre

Ursache der Schweifbildung aufgedeckt ist, doch scheint man zu
einiger Hoffnung berechtigt zu sein.

Bei dem geschilderten Stand unserer Kenntnisse über die Entstehung und Ausbreitung der kometarischen Gase ist es ver-

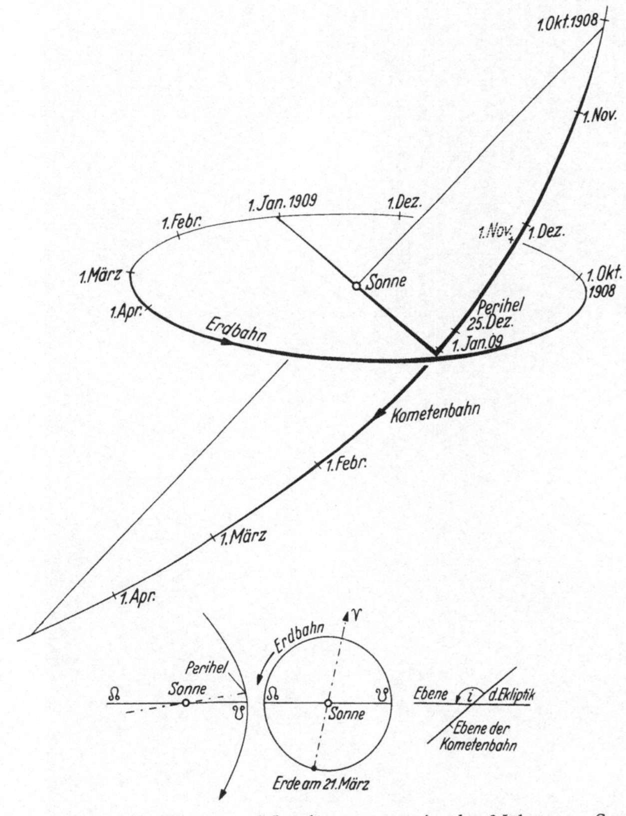

Abb. 73. Bahn des Kometen Morehouse 1908 in der Nähe von Sonne und
Erde.

ständlich, daß eine befriedigende Theorie der Kometenformen
bisher noch nicht aufgestellt werden konnte. Die individuellen
Formen sind von einer verwirrenden Mannigfaltigkeit. Bei einem
und demselben Objekt kann die Gestalt sich innerhalb mehrerer
Stunden vollständig ändern. Hinzu kommt noch, wie man aus
Erfahrung weiß, daß die chemische Komposition wechseln kann.

Einige zeigen schon bei größeren Sonnendistanzen eine starke CO^+ Produktion und bilden dementsprechend lange Schweife, bei andern läßt sich selbst für kleinere heliozentrische Entfer-

Abb. 74. Komet Morehouse 1908. (Aufnahme *M. Wolf*, Heidelberg.)

nungen kaum die Spur eines Schweifes erkennen. Als ein Beispiel mit einer besonders reichen CO^+ Produktion ist der Komet More-house 1908 III zu nennen, der nie näher als 0.94 AE an die Sonne herankam (q = 0.94), aber schon bei größerer Distanz

einen intensiven Schweif zeigte (Abb. 73 zeigt die Bahnform).
Die neutralen Moleküle blieben im Spektrum schwach.

Andererseits darf man aber nicht übersehen, daß auch gewisse
Gleichförmigkeiten in den Kometenbildern existieren. Bei fast allen
Kometen mit Schweif, die man in den letzten fünf-sechs Jahrzehnten
photographiert hat, sind die Schweife in ein Bündel von Strahlen
aufgelöst (siehe Abb. 74), und es ist ziemlich sicher, daß diese
Strahlen direkt aus der näheren Umgebung der Kerne hervor-
brechen. Es ist die Regel, daß die Strahlen um so kürzer sind,
je weiter ab sie von der Schweifachse liegen. Die Länge der
Strahlen wächst mit der Zeit an und gleichzeitig schwenken sie
dabei auf die Schweifachse ein. Die Entstehung derselben ist
physikalisch noch nicht verständlich.
Erwähnen müssen wir noch, daß gewisse Kometen zumindest
zeitweise kaum ein Bandenspektrum, dafür aber ein intensives
kontiniuerliches Spektrum zeigen. Es handelt sich dabei um
reflektiertes oder gestreutes Sonnenlicht. In solchen Fällen enthält die Kometenatmosphäre einen hohen Anteil von feinstem
Staub, der übrigens in schwächerem Maße bei allen Kometen
vorhanden ist. Ein Überwiegen des kontinuierlichen Spektrums
wird aber nur selten beobachtet. Es wird von verschiedenen
Autoren angenommen, daß die „Staubkometen" eine besondere
Klasse für sich darstellen und sich dadurch von den anderen
unterscheiden, daß sie zum ersten Male sich der Sonne nähern
(siehe nächstes Kapitel). Eine nähere Prüfung der Verhältnisse
zeigt jedoch, daß diese Auffassung auf Widersprüche stößt.

Wir haben, was die chemische Komposition der Kometenatmosphären anbetrifft, nur von chemischen Verbindungen gesprochen. Es sind zweifellos auch freie Atome und Ionen vorhanden. Direkt nachgewiesen durch das Spektrum wird im allgemeinen aber nur das Natriumatom (Na). Natrium ist leicht
flüchtig und hat eine relative niedrige Verdampfungstemperatur.
Das Fehlen der Spektren der Atome Wasserstoff (H), Sauerstoff
(O) und Stickstoff (N) ist leicht verständlich, da deren Spektren
nur schwer durch das Sonnenlicht angeregt werden können.

V. Der Ursprung der Kometen

20. Die verschiedenen Ursprungshypothesen

Die auf die Klärung der Herkunft der Kometen unmittelbar abzielenden Forschungen sind neuerdings nach einer längeren Pause wieder stark in Fluß gekommen. Teils veranlaßt durch die allgemeinen Fortschritte auf den Einzelgebieten der Kometenforschung zum anderen Teil durch neuere Ergebnisse, die mehr den ganzen Körperkomplex des Sonnensystems betreffen, ist von einigen Autoren ein neuer Start versucht worden.

Fragt man heute in der Astronomie nach dem Ursprung der Kometen, so verlangt man zu wissen, 1. wie und wo und vielleicht auch noch wann diese Kometenkerne als „Individuen" in Erscheinung traten und 2. wie ihre jetzigen Bahnen um die Sonne entstanden sind. Zunächst galt es eine beschränktere Frage zu entscheiden, nämlich die, ob die Kometen gegenwärtig vollständig als dem Sonnensystem zugehörig zu betrachten sind oder nicht. Es wurde oben in Ziffer 10 gezeigt, daß das erstere zutrifft, abgesehen nur von der Einschränkung des möglichen Überganges in hyperbolische Bahnen durch Planetenstörungen für einzelne Objekte oder eines allmählichen Zerfalles. Die Mitgliedschaft zum Sonnensystem wurde damit begründet, daß bisher noch nicht ein einziger Komet bekannt geworden ist, welcher bei der Annäherung an die Planeten (vor dem Eintritt in die Region der Planeten) eine hyperbolische Bahn zeigte. Die an Hand der direkten Beobachtungen nicht wenigen errechneten hyperbolischen Bahnen erwiesen sich schließlich bei Abzug der planetarischen Störungen als ursprünglich elliptisch.

Die gegenwärtige Zugehörigkeit der Kometenkerne zum Sonnensystem bedeutet noch nicht ohne weiteres, daß sie auch innerhalb desselben entstanden sind. Von vornherein schließt sie eine frühere Unabhängigkeit von diesem System nicht aus, d. h. eine solch weite räumliche Trennung, daß die Schwereanziehung der Sonne vollkommen ohne Einfluß war. Sie mögen ursprünglich irgendwo in den Räumen zwischen den Sternen sich aufgehalten haben, bevor sie in den Anziehungsbereich der Sonne kamen und von ihr eingefangen wurden. Dies war übrigens der erste Gedanke an ihre Herkunft und wurde von *Laplace* vorgetragen und vertreten. Eine theoretische Behandlung dieser Frage ist sehr verwickelt. Die Kometenkerne, welche zum ersten Male in den Anziehungsbereich der Sonne geraten, müssen sich in einer hyperbolischen Bahn der Sonne nähern. Erst wenn ihre Geschwindigkeit irgendwo im Anziehungsfeld der Sonne reduziert wird, kann ein Einfang in eine elliptische Bahn erfolgen, wozu die Planeten, wie genügend besprochen wurde, imstande sind. Dasselbe würde durch Geschwindigkeitsverminderung auch jeder andere „Widerstand", wie etwa ein vorhandenes Gas oder eine ausgebreitete Meteorwolke leisten. Die Hypothese eines „widerstehenden" Mittels ausreichender Dichte im planetarischen Raum, in den Jahrzehnten um 1900 viel diskutiert, ist jedoch heute aus sehr schwerwiegenden Gründen, die wir hier nicht aufführen können, aufgegeben worden. Es bleibt also nur der Einfang durch die störende Wirkung der Planeten insbesondere des größten, nämlich Jupiter. Die schon erwähnten (siehe Ziffer 10) Berechnungen von *Strömgren*, *Fabry* und *van Biesbroeck* sprechen nun ziemlich eindeutig dafür, daß ursprünglich hyperbolische Bahnen wenn überhaupt so doch nur äußerst selten auftreten, d. h. die Mehrzahl der für uns neu auftauchenden Kometen kann jedenfalls nicht direkt aus dem interstellaren Raum kommen. Es wäre aber denkbar, daß ihr Einfang zeitlich bereits weit zurückliegt. Wir werden jedoch sehen, daß auch diese Annahme auf große Schwierigkeiten stößt.

Man sucht neuerdings die Entstehung der Kometenkerne innerhalb des Sonnensystems selbst. Eine einheitliche Grundansicht besteht aber bisher hier noch nicht. Man kann, soweit es sich um den unmittelbaren Bildungsprozeß handelt, drei verschiedene Auffassungen unterscheiden. Nach der einen Hypothese sind die Kometenkerne Auswürfe eines Planeten, Brocken lokaler Explosionen. Diese Quelle der Kerne soll auch gegenwärtig noch fließen. Es sei gleich bemerkt, daß die Auswurfhypothese zwar in der Lage ist, gewisse Züge der kurzperiodischen Kometen verständlich zu machen, aber trotzdem selbst bei einer alleinigen Beschränkung auf diese Klasse nicht überzeugend wirkt. Sie führt außerdem dazu, verschiedene Ursprünge für die kurzperiodischen und langperiodischen Kometen anzunehmen, wozu man sich wegen des kontinuierlichen Überganges der beiden Klassen ineinander und der ähnlichen chemischen Komposition ihrer Atmosphären sehr schwer wird entschließen können. Die langperiodischen Objekte sind sicherlich nicht infolge von Eruption auf Planeten entstanden.

Nach einer zweiten Hypothese sind die Kometenkerne gemeinschaftlich mit den kleinen Planeten (Asteroiden) die Fragmente eines ehemaligen Planeten, somit bei der vollständigen Zersplitterung eines solchen entstanden. Man wird sofort fragen, aus welchen Gründen besteht dann ein Unterschied in den Bahnen und im Erscheinungsbild der beiden Körperarten. Es ist klar (wir verweisen hier auf frühere Ausführungen), daß die Bahnen sämtlicher Fragmente zunächst für lange Zeit einen gemeinschaftlichen Kreuzungspunkt im Raume besessen haben müssen, eben den Ort der Katastrophe. Gegenwärtig ist davon nichts mehr zu erkennen. Etwas anderes ist aber auch kaum zu erwarten, da die Planetenstörungen über Jahrmillionen hinweg eine Bahnverwandtschaft dieser Art auslöschen werden. Die Fragmente können durch die störende Wirkung der großen Planeten weit in den Raum um die Sonne und zwar auch zu sehr großen Distanzen (und ebenfalls in hyperbolische Bahnen) verstreut worden sein.

Weiterhin ist dann kürzlich eine Hypothese vorgebracht worden, die das Entstehen der Kometenkerne mit dem Bildungsprozeß der Planeten zeitlich zusammenfallen läßt, also mit der Entstehung des Sonnensystems (*G.P. Kuiper*). Dieser Entstehungsprozeß ist bis heute keinesfalls klar aufgedeckt, vieles spricht jedoch dafür, daß sich die Planeten gleichzeitig mit der Sonne aus einem ausgebreiteten, rotierenden und flachen Gasnebel gebildet haben. Der Rotationssinn entsprach der jetzigen Umlaufsrichtung der Planeten. Im Zentrum des Nebels formte sich die Sonne, um sie herum bildeten sich durch Kondensation kühle, feste Körper, d. h. die Planeten. Es wäre denkbar, daß im Verlaufe dieser Kondensationsvorgänge an den Rändern des Nebels sich auch zahllose kleinere Körper formten und sich als selbständige Gebilde behaupten konnten ohne zu größeren zusammenzufließen. Im Innern des Nebels, dem jetzigen Bereich der Planeten wird dies kaum möglich gewesen sein. Aus der Region ihrer „Geburt" müssen sich diese Kerne aber zu größeren Distanzen von dem

Planetensystem entfernt haben. Die Möglichkeit dazu wird vorhanden gewesen sein, falls ihre Bahnen von vornherein stärker exzentrisch waren als die der Planeten, so daß sie in den Perihelen näher an die großen Planeten herankamen. Durch die Planetenstörungen konnten sie dann zu beliebigen Distanzen von der Sonne gebracht werden.

Wir werden uns des weiteren mit dem eigentlichen Entstehungsprozeß der Kometenkerne nicht mehr beschäftigen, da dieser Punkt nicht eindeutig geklärt werden kann. Ganz anders verhält es sich dagegen mit unserer zweiten Frage, dem Zustandekommen der gegenwärtig beobachteten Bahnformen. Die Existenz einer bis zu großen Entfernungen von der Sonne reichenden „Wolke" von Kometenkernen ist eine Tatsache. Von dieser ausgehend gelingt es, die beobachteten Eigentümlichkeiten der Bahnen zumindest qualitativ zu deuten. In der anschließenden Ziffer fassen wir zunächst die besonders charakteristischen Eigenschaften der Kometenbahnen knapp zusammen. Daran anschließend soll dann versucht werden, diese verständlich zu machen.

21. Zur Statistik der Bahnen.

Der Wert einer Hypothese über die Entstehung und Entwicklung der Kometenbahnen muß danach beurteilt werden, wie weit sie in der Lage ist, die Anordnung der Gesamtheit der beobachteten Kometenbahnen zu erklären. Früher wurde gezeigt, daß zwei verschiedene Kometenbahnen sich in sechs verschiedenen *Elementen* unterscheiden können. Wenn es sich um Fragen der Kometenkosmogonie handelt, so kommt nicht allen diesen einzelnen Elementen die gleiche Bedeutung zu. Es sind an erster Stelle zwei, denen man besondere Aufmerksamkeit zu schenken hat: den großen Achsen und den Neigungen der Bahnen. Da nach dem dritten Keplerschen Gesetz die großen Halbachsen die Umlaufsperioden direkt festlegen, so können auch diese letzteren an Stelle der Achsen benutzt werden. In bezug auf die Bahnneigungen hatten wir schon auf den grundlegenden Unterschied zwischen den kurzperiodischen Kometen einerseits und den langperiodischen andererseits aufmerksam gemacht. Die kurzperiodischen Objekte haben durchweg kleine Bahnneigungen, während sich bei den

langperiodischen eine gleichmäßige Verteilung über den ganzen
Winkelbereich von 0⁰ bis 180⁰ zu erkennen gibt.

Wir betrachten zunächst die langperiodischen Kometen ge-
sondert von denen mit kleineren Periodenlängen. In bezug auf
diese fällt bei einer Zusammenstellung solcher, für welche die Bahnen einigermaßen genau bekannt sind, sofort eine bevorzugte Häufigkeit der sehr langen Perioden auf. Ein Blick in die Tabelle 20 zeigt in etwa, wie die Verhältnisse liegen. Es sind dort die rund 219 nach 1850 beobachteten und in ihren Bahnelementen genauer berechneten Kometen in eine Reihe von Periodenintervallen eingeordnet worden. Das erste Intervall umfaßt die Perioden zwischen 11180 Jahren und „unendlich" vielen Jahren (∞). Diese obere Grenze „*unendlich*" bezieht sich in Wahrheit nur auf Ellipsen mit Perioden, die ganz dicht am Übergang zu einer Parabel liegen. Um für solche Fälle die Perioden, die sich auf Millionen von Jahren belaufen, auch nur einigermaßen genau festzulegen, sind sehr umfangreiche Rechnungen durchzuführen, die wegen des großen Arbeitsaufwandes bis heute nur für 19 Objekte geleistet worden sind. Auf diese letzten kommen wir gleich noch zurück.

Die Grenzen der gewählten Periodenintervalle in der Tabelle liefern wenig runde Zahlen. Es erklärt sich dies daraus, daß bei der Festlegung der Intervalle (aus theoretischen Gründen) zunächst nicht von den Perioden sondern von den halben Hauptachsen der Bahnen ausgegangen worden ist, auch nicht einmal von diesen selbst sondern von deren reziproken Werten 1/a. Es

Tabelle 20

Perioden	Anzahl der Kometen	$1:a$
∞		0.000
	177	
11180		0.002
	10	
3953		0.004
	8	
2158		0.006
	7	
1398		0.008
	2	
1000		0.010
	6	
756		0.012
	1	
598		0.014
	1	
501		0.016
	1	
419		0.018
	4	
353		0.020
	2	
302		0.022
	0	
272		0.024

Entnommen: *van Woerkom*, Bull. Astron. Institutes Netherlands Vol. X, No. 399.

entspricht einer halben Hauptachse von 500 Astron. Einh. (oder
1:a = 0.002) eine Periode von 11180 Jahren.

Es ist sehr auffällig, daß von den 219 in der Tabelle aufgeführten Kometen mit Perioden über 272 Jahren nicht weniger als 177 Perioden über 11180 Jahren besitzen, das sind rund 80 Prozent.

Tabelle 21

$1:a$	Anzahl der Kometen	Periode	a
0.0000			
	10		
0.00005		2828000	20000 Astron. Einh.
	4		
0.00010		1000000	10000
	1		
0.00015		544400	6666
	1		
0.00020			5000
	1		
0.00025			4000
	1		
0.00050			2000
	1		
0.00075		48600	1333

Entnommen: E. Sinding, Publ. og mindre Meddel. Københavns Obs.
No. 146.

Die Bevorzugung der langen Perioden erscheint nun noch in einem neuen Lichte, wenn wir aus dem ersten Intervall eine feinere Einteilung für diejenigen Kometen (aus den 177) vornehmen, für welche dies auf Grund rechnerischer Grundlagen möglich ist. Es sind das die schon genannten 19 Kometen. Man kann zwar nicht von *vorneherein* behaupten, daß diese 19 eine repräsentative Auswahl aus den 177 des ersten Intervalls in der Tabelle 20 sind. Bei der genaueren Bearbeitung wurden vielmehr gerade solche ausgesondert, für welche man auf jeden Fall besonders große Perioden (oder kleine 1:a) erwarten konnte. Eine nähere Betrachtung, die wir hier aber übergehen müssen, zeigt dann jedoch, daß das allgemeine Bild nicht wesentlich verschieden sein kann von dem, welches die hier ausgewählten zeigen. (Siehe Tab. 21.)

Über die Hälfte dieser Kometen hat also Halbachsen a größer als das 20000fache der Entfernung Erde — Sonne. Darunter befinden sich nun wiederum mehrere mit Halbachsen zwischen 50000 bis 85000 AE. Die Apheldistanzen betragen rund das Doppelte, liegen also zwischen 100000 bis 170000 AE. Den extremsten Fall liefert der Komet Delavan 1914 V für den *van Biesbroeck* eine Exzentrizität $e = 0.9999781 \pm 0.0000035$ berechnet hat. Diesem entspricht eine Apheldistanz von 170000 AE und eine Umlaufsperiode von 24 Millionen Jahren.

Es ist also sicher, daß die Domäne der langperiodischen Kometen *bis zu Entfernungen von 150000 bis 170000 AE von der Sonne reicht.*

Tabelle 22

Neigung i $1/a$	0.00010	0.00010 bis 0.00100	0.001 bis 0.004	0.004 bis 0.010	0.010 bis 0.020	0.020 bis 0.040
0°— 60°	3	3	4	6	2	8
60°— 90°	6	6	5	2	8	1
90°—120°	2	3	3	3	1	1
120°—180°	6	6	4	0	5	0

Entnommen: *J. H. Oort*, Bull. Astr. Institutes of the Netherlands XI, No. 408.

Wir erwähnten schon mehrfach, daß die Bahnneigungen der langperiodischen Kometen im Gegensatz zu den kurzperiodischen über alle möglichen Winkel von 0° bis 180° gleichmäßig verteilt sind. Ohne daß diese Behauptung im Großen und Ganzen gesehen unrichtig wird tritt doch eine kleine Einschränkung zu Tage, falls man wiederum eine Aufteilung nach den Periodenlängen (oder 1:a) vornimmt. Das Resultat zeigt die Tabelle 22.

Es sind hier insgesamt nur 86 Kometen in die Intervalle von 0° bis 60°, 60° bis 90° usw. eingeordnet. Die Beschränkung auf diese geringere Anzahl als insgesamt Kometen längerer Perioden bekannt sind, ergibt sich auf Grund der Forderung nach einer gewissen Güte der Bahnbestimmung (Periode), um eine sichere Einordnung in die jeweiligen Intervalle vornehmen zu können. Falls die Verteilung der Bahnneigungen ganz durch den Zufall bedingt wäre, sollte in jedem angegebenen Intervall von i eine gleiche Anzahl liegen. Das ist offensichtlich für keine Kolonne 1/a der Fall, was jedoch nicht überraschen darf, da eine wirklich gleichmäßige Verteilung (gleiche Anzahlen) nur bei sehr hohen Gesamtzahlen erwartet werden kann. Das Auf und Ab der Zahlen

ist durchaus das, womit man bei einer rein zufälligen Verteilung
bei solch geringen Gesamtzahlen in jeder Kolonne rechnen muß.
Es gibt jedoch eine Kolonne, und zwar ist es die letzte ($1:a$
$= 0.020$ bis 0.040), bei der sich trotzdem eine Besonderheit klar
andeutet. Hier liegt eine Bevorzugung der kleineren Bahnneigungen
vor. Es wird dies noch deutlicher, falls man das erste Intervall von
0^0—60^0 nochmals unterteilt in zwei Intervalle mit gleicher Häufigkeit für eine reine Zufallsverteilung. Es wären dies die Bereiche

Tabelle 23

	Beobachtete Verteilung	Gleichmäßige Verteilung
0^0—10^0	93	99
10^0—20^0	104	95
20^0—30^0	96	89
30^0—40^0	91	81
40^0—50^0	65	70
50^0—60^0	63	57
60^0—70^0	32	42
70^0—80^0	24	25
80^0—90^0	18	8

Entnommen: *A. J. J. van Woerkom*, Bull. Astr. Institutes of the Netherlands,
Vol. X No. 399.

von 0^0 bis $41^0.5$ und von $41^0.5$ bis 60^0. Von den 8 Kometen
zwischen 0^0 und 60^0 fallen dann, wie sich zeigt, 6 in den Bereich
von 0^0 bis 41.5^0. Die Perioden, die dieser Kolonne entsprechen,
bewegen sich zwischen 100 und 350 Jahren. Bei den Bahnneigungen
ist bei diesen also eine gewisse Verwandtschaft mit den kurzperiodischen Kometen angedeutet.

In Zusammenhang mit den kurzperiodischen Kometen wurde
früher erwähnt, daß diese neben kleinen Bahnneigungen noch die
Eigentümlichkeit einer starken Annäherung ihrer Bahnkurven an
die Jupiterbahn zeigen. Daß letzteres bei den langperiodischen
Objekten nicht eintritt, läßt sich aus der Tabelle 23 entnehmen.
Um diese zu verstehen, denke man sich zunächst um die Sonne
mit dem Radius der Jupiterbahn eine Kugel geschlagen und auf dieser für alle Bahnen die Punkte eingezeichnet, in denen sie diese Kugel durchstoßen. Nimmt man irgendeinen Punkt heraus, so hat dieser einen bestimmten Winkel gegen die Jupiterbahnebene. Derselbe

bestimmt sich so, daß man eine Gerade zur Sonne zieht und den Winkel dieser Geraden gegen die Bahnebene mißt. In der Tabelle sind nun Intervalle dieser Winkel von o bis 10^0, 10^0 bis 20^0 usw. gebildet worden. Hinter diesen stehen die beobachteten Anzahlen für diese Intervalle. Die dritte Rubrik gibt die Anzahlen bei einer gleichmäßigen Verteilung der Durchstoßungspunkte auf der Kugel. Die höheren Anzahlen der Punkte für die kleinen Winkel bedeuten also durchaus nicht, daß sich diese gegen die Jupiterbahn hin häufen sondern sind nur dadurch bedingt, daß bei der Intervallbildung nach gleichen Winkeldifferenzen den unteren Bereichen größere Flächen auf der Kugel entsprechen.

Aus der Tabelle 23 können wir also folgern, daß die langperiodischen Kometen ganz im Gegensatz zu den kurzperiodischen keine Tendenz einer Annäherung ihrer Bahnen an die Jupiterbahn zeigen.

In bezug auf die kurzperiodischen Kometen bringen wir hier über das in der Ziffer 16 erwähnte noch folgenden Nachtrag.

Die Tatsache, daß die kurzperiodischen Objekte nahe an der Jupiterbahn vorbeistreichen, führten wir neben den kleinen Bahnneigungen als eine Stütze für die Einfangtheorie an. Im allgemeinen muß man annehmen, wofür auch Beispiele gebracht wurden, daß die jetzt vorliegenden Bahnen das Resultat zahlreicher Jupiterstörungen sind. Diese mögen zum Teil stark zum Teil nur schwach gewesen sein, wobei wir eine Störung dann als stark bezeichnen, wenn der Komet in die früher definierte Attraktionssphäre des Planeten eintrat.

Bei den kurzperiodischen Kometen steht der Einfanghypothese die bereits erwähnte Eruptionshypothese gegenüber, wonach die Kerne durch Auswürfe von Materie des Planeten Jupiter entstanden sein sollen. Es ist klar, daß auch in einem solchen Falle, falls nicht zu lange Zeiträume von Jahrmillionen nach diesen Eruptionsvorgängen verstrichen sind, die entstandenen Bahnen starke Annäherungen an Jupiter zeigen werden. Die Verteidiger der Auswurfhypothese nehmen an, daß die Aktivität des Planeten in der Erzeugung von Kometenkernen gegenwärtig noch besteht. Die kurzperiodischen Kometen wären danach als jung zu bezeichnen, was auf jeden Fall — auch unabhängig von dieser Hypothese — in sofern gelten muß, da man den Kernen sicher keine sehr hohe

148

Existenzdauer in den kurzperiodischen Bahnen zuschreiben kann. Nach der Einfanghypothese werden sie, wie erwähnt, aus dem Reservoir der weit weniger gefährdeten langperiodischen Kometen nachgeliefert.

Die Entscheidung zwischen den beiden Theorien spitzt sich, was die Bahnen anbetrifft, auf die Erklärung einer wohlausgeprägten statistischen Relation zu.

Man kann — die eine oder andere Hypothese vorausgesetzt — die Frage stellen: *mit welchen Geschwindigkeiten* haben die Kerne (beim Auswurf bzw. nach der letzten starken Jupiterstörung) die Aktionssphäre des Planeten verlassen? Es läßt sich zeigen, daß diese Frage auf Grund eines von *Tisserand* gefundenen Kriteriums beantwortet werden kann. Bezeichnet s die Geschwindigkeit des Kernes beim Verlassen der Aktionssphäre, so gilt nach *Tisserand*:

Tabelle 24

Geschwindig- keit s	Anzahl der Kometen
0.00—0.12	0
0.12—0.24	3
0.24—0.36	9
0.36—0.48	11
0.48—0.61	13
0.61—0.73	9
0.73—0.80	3
0.80—0.97	3

Entnommen: *A. J. J. van Woerkom*, Bull. Astr. Institutes of the Netherlands, Vol. X No. 399.

$$1/a + 2/a_j^{3/2} \cdot \sqrt{p} \, \cos i = 3/a_j - s^2.$$

Die Geschwindigkeit s ist auf den Planeten Jupiter als Zentrum bezogen und ausgedrückt in der Bahngeschwindigkeit dieses Planeten als Einheit. a bezeichnet die halbe Hauptachse der Kometenbahn, a_j die halbe Hauptachse der Jupiterbahn, i den Neigungswinkel der Kometenbahn. Es ist $p = a\,(1 - e^2)$, mit e gleich der Exzentrizität der Kometenbahn. Die Tabelle 24 gibt das Resultat der Berechnungen von s nach dieser Formel. Es sind acht Intervalle gebildet und die Anzahlen der Kometen, die in die einzelnen Intervalle fallen, aufgeführt. Werte von s gleich oder größer als 1 treten in der Tabelle überhaupt nicht auf, d. h. kein Kern trat aus der Attraktionssphäre mit einer Geschwindigkeit heraus, welche der Bahngeschwindigkeit des Planeten gleich kam oder sie etwa übertraf. Andererseits fehlen ebenso die sehr kleinen Geschwindigkeiten (Intervall 0.00 bis 0.12). Eine Häufung der Kometenanzahlen tritt dagegen in der Umgebung der Geschwindigkeit 0.5, also der halben Jupitergeschwindigkeit ein. (Vergleiche hierzu auch die Tabellen 15 und 16 und den zu diesen gehörenden Text in der Ziffer 16.)

22. Zur Deutung der statistischen Relationen.

a) Die langperiodischen Bahnen

Wenn ein Kometenkern aus großer Distanz kommend sich über die Jupiterbahn hinaus der Sonne nähert, so erfährt seine Bahn auf jeden Fall eine kleine Störung. Den größten Beitrag zu dieser liefern die massigeren Planeten Jupiter und Saturn. Es interessiert uns hier in erster Linie der Einfluß dieser Störungen auf den Wert der Halbachse a bzw. deren reziproken Betrage $1/a$. Wie die Erfahrung zeigt geschehen die Annäherungen an die Sonne unter allen möglichen Neigungen der Bahnebenen gegen die Ekliptik und den verschiedensten Lagen der Knotenlinien. Die Stärke der Störung wird natürlich sowohl von den Bahnelementen des Kometen wie auch von der Bahnstellung des störenden Planeten abhängen. Nach Rechnungen von *van Woerkom* ergibt sich nun, daß über zahlreiche Bahnen mit den verschiedensten Orientierungen im Durchschnitt eine Störung von $1/a$ um den Betrag plus oder minus 0.0005 zu erwarten ist. Dieselbe mittlere Änderung gilt angenähert für mehrere Perihelpassagen eines und desselben Kometenkernes. Nur in Ausnahmefällen kann bei einer Einzelpassage die auftretende Störung in $1/a$ wesentlich schwächer sein als plus oder minus 0.0005. Machen wir uns klar, was dieses für die Kometenkerne mit parabolischen Bahnen oder elliptischen Bahnen mit sehr großen Bahnachsen bedeutet, von denen wir eine Auswahl oben in der Tabelle 21 aufgeführt haben. Für einen parabolischen Kometen ist $1/a = 0.0000$. Nach einem Periheldurchgang ist zu erwarten, daß nach dem Verlassen der Region der Planeten der neue Wert $1/a$ angenähert entweder $+0.0005$ oder -0.0005 beträgt. Im letzten Falle würde eine hyperbolische Bahn entstanden sein, im ersten eine elliptische mit einer Halbachse von „nur" 2000 AE. Findet man einen Kometen, für den die ursprüngliche Bahn (vor dem Eintritt in das System der Planeten) einen Wert $1/a$ kleiner als 0.0005 ergibt, so kann mit größter Wahrscheinlichkeit gefolgert werden, daß dieser noch niemals vorher in die inneren Gebiete des Sonnensystems eingedrungen war. Für uns Beobachter von der Erde aus ist es ein neuer Komet. Es besagt dies nicht nur, daß er zum erstenmal wirklich beobachtet wurde, sondern daß er auch früher nicht beobachtet werden konnte.

Tabelle 25

	1/a	Periheldistanz q	Neigung i	☊	ω
1882 I = 1882 a (Wells)	0.000 16	0.06	73°48'	204°56'	208°59'
1886 IX = 1886 f (Barnard)	0.000 06	0.66	101°37'	137°23'	86°20'
1889 I = 1888 e (Barnard-Brooks).	0.000 02	1.81	166°22'	357°25'	340°28'
1890 II = 1890 a (Brooks)	0.000 07	1.91	120°33'	320°20'	68°56'
1902 III = 1902 b (Perinne-Borelli)	0.000 01	0.40	156°21'	49°21'	152°58'
1904 I = 1904 a (Brooks)	0.000 22	2.71	125° 8'	275°46'	53°30'
1908 III = 1908 c (Morehouse).	0.000 16	0.94	140°11'	103°10'	171°38'
1914 V = 1913 f (Delavan)	0.000 01	1.10	68° 2'	59° 9'	97°28'
1925 I = 1925 c (Orkisz).	0.000 05	1.11	100° 5'	318° 8'	36°23'

Entnommen: *J. H. Oort*, Bull. Astr. Institutes of the Netherlands XI, No. 408.

In der Tabelle 25 führen wir einige neue Kometen der letzten 80 Jahre auf. Die Umlaufsperioden liegen zwischen 200 Tausend bis 25 Millionen Jahren.

Wie kommt es, daß neue Kometenbahnen entstehen? *J. H. Oort* hat den Gedanken gehabt, daß man zum Verständnis der langperiodischen Kometen berücksichtigen muß, daß deren Bahnen nicht nur durch die großen Planeten sondern zum Teil und zwar einem großen, auch durch Sterne gestört und umgewandelt werden. Es kann kein Zweifel mehr darüber bestehen, daß die von uns beobachteten Kometenkerne dem Sonnensystem angehören, d. h. von der Gravitationswirkung der Sonne in elliptischen Bahnen gehalten werden und mit ihr durch den Raum ziehen, sie dringen nicht von außen aus dem Bereiche anderer Sterne in den Gravitationsbereich der Sonne ein. Aber an den äußeren Rändern des Systems kommt die Gravitation der Sonne in Konflikt mit der Gravitation der benachbarten Sterne. Alle Sterne sind in Bewegung begriffen mit Geschwindigkeiten von rund 20 bis 30 km in der Sekunde. Der uns jetzt am nächsten stehende Stern hat von der Sonne eine Entfernung

von 300000 AE. Über Jahrmillionen hin wechseln die nächsten
Nachbarn, aber deren Abstand von der Sonne wird im Durchschnitt immer bei diesem Werte liegen. Kometenkerne, die sich
am Rande des Sonnensystems aufhalten, unterliegen somit Störungen durch die vorbeiziehenden Nachbarsterne. *Oort* hat gezeigt, daß diese im schwächeren Grade noch bis herab zu einer
Entfernung von 25000 AE reichen, aber nicht mehr darunter.

Tabelle 26

1/a	Relative Anzahl N in einem Intervall 0.00005
0.00000—0.00005	17
0.00005—0.00010	1
0.00010—0.00015	1
0.00015—0.00020	2
0.00020—0.00025	1
0.00025—0.00050	0.6
0.00050—0.00075	0.4
0.00075—0.00100	0.2
0.00100—0.00200	0.15
0.00200—0.00400	0.09
0.00400—0.00600	0.04
0.00600—0.00800	0.09
0.00800—0.01000	0.01
0.01000—0.02000	0.014
0.02000—0.03000	0.006
0.03000—0.04000	0.003

Diese Grenze ist zwar etwas fließend, sie bezeichnet jedoch ungefähr die Distanz, *innerhalb* der allein die Planeten Umwand-
lungen von Kernbahnen bestimmen.

Wir wollen nun für einen Augenblick die Kometen der unbe-
strittenen Domäne der Sonne betrachten. Ihr gehören nur solche
Bahnen an, deren Aphele (die wir gleich 2a setzen können) nicht
weiter als 25000 bis 30000 AE reichen. Die Jupiterfamilie lassen wir
jedoch beiseite. Im Anschluß an die Tabellen 20 und 21 der vorigen
Ziffer 21 schlossen wir, daß langperiodische Bahnen dieses Bereiches selten sind im Vergleich zu denen größerer Bahnachsen,
wenn wir die Anzahlen *in gleichen Intervallen* von 1/a miteinander
vergleichen. Eine neuere Bearbeitung der Beobachtungen durch
Oort ergibt das in der Tabelle 26 dargestellte Resultat. Die 1/a-
Werte, die uns im Augenblick interessieren sind die vom zweiten

Intervall 0.00005—0.00010 abwärts. Ein 1/a gleich 0.00005 entspricht einer Apheldistanz von 20 000 AE. Zu kleineren Apheldistanzen hin erfolgt also für *ein gleiches Intervall* in 1/a eine stetig
abnehmende Besetzung durch beobachtete Bahnen. Um einen Irrtum
zu vermeiden sei betont, daß die Zahlen in der zweiten Spalte der
Tabelle 26 sich immer auf dieselbe Intervallbreite 0.00005 beziehen.
Nur für die ersten fünf Zahlen (17, 1, 1, 2, 1) stimmt diese mit dem
in der ersten Spalte unter 1/a angegebenen Intervallumfang überein.

Um die Schlüsse, die aus diesem Ergebnis zu ziehen sind, zu
verstehen, hat man zu klären, welchen Einfluß die planetarischen
Störungen über längere Zeitabschnitte (d. h. nach zahlreichen
Perihelpassagen) haben. Wie schon erwähnt wurde, ergibt sich bei
einer Passage der Planeten im Durchschnitt eine Änderung von
1/a der Größe $+0.0005$ oder -0.0005. Ein Teil der Kerne mit
ursprünglichen Werten von $1/a \leqq 0.0005$ wird also im Laufe der
Zeit in hyperbolische Bahnen geworfen, ein anderer in Bahnen mit
$1/a > 0.0005$. Kommen keine neuen Mitglieder hinzu, so wird im
Ablauf von vielen Millionen Jahren sich folgendes ereignen: Die zunächst in elliptischen Bahnen verweilenden Kerne verteilen sich
gleichförmig über die 1/a-Werte, nach genügend langer Zeit sollte
jedes *gleich große Intervall* von 1/a dieselbe Anzahl enthalten. Alle
bleiben aber nach wie vor einer Störung mit einem Übergang in eine
hyperbolische Bahn ausgesetzt, so daß sie schließlich vollständig
verschwinden müssen. Dieser Prozeß sollte im Großen und Ganzen
schon nach einigen Millionen Jahren abgeschlossen sein. Es ist
nun ganz unwahrscheinlich, daß die Kometenkerne erst für einen
Zeitraum von dieser Größe existieren, da man weiß, daß das
System der Sonne und Planeten schon ein Alter von 3000 Millionen
Jahren hat. *Oort* schließt deshalb auf eine dauernde Auffüllung des

genannten Bereiches an Bahnen ($\frac{1}{a} > 0.00005$) und zwar aus dem

Reservoir mit $\frac{1}{a} < 0.00005$. Nach den statistischen Daten, die uns

in der Tabelle 25 entgegentreten und der erläuterten Rolle, welche
die Sternstörungen spielen, erscheint diese Auffassung durchaus
gut begründet.

Der Inhalt dieses sich von 20 000 bis zu 200 000 AE um die
Sonne ausdehnenden Reservoirs darf nun nicht direkt nach der

relativ kleinen Anzahl beurteilt werden, die uns — etwa pro Jahrhundert — als neue Kometen erreicht. Dies kann nur ein vollständig unbedeutender Bruchteil von denen sein, die wirklich vorliegen, da eine Sichtbarkeit von der Erde eine sehr kleine Periheldistanz verlangt, die den Wert 2.0 AE kaum überschreiten darf, um nicht die Auffindung überhaupt ganz unwahrscheinlich zu machen. Eine Abschätzung ergibt, daß die Gesamtzahl der Kerne in der äußeren „Kometenwolke" etwa die Zahl 100 Milliarden erreicht. Die Gesamtmasse würde trotzdem nur etwa $^1/_{100}$ der Erdmasse betragen.

Man findet, daß die Theorie in der Lage ist, auch ganz zwanglos die Verteilung der Bahnen über den ganzen Bereich der möglichen Neigungswinkel von 0^0 bis 180^0 zu erklären. Wie auch die ursprüngliche Anordnung in bezug auf die Neigungen gewesen sein mag, im Laufe der Zeit muß infolge der Sternpassagen eine vollständig gleichmäßige Verteilung eintreten, da in der Bewegung der passierenden Sterne keine bevorzugten Richtungen zu erwarten sind. Etwas anders verhält es sich mit Neigungen der Bahnen, die späterhin dann durch den Einfluß der Planetenstörungen entstehen. Wie eine genauere Analyse durch *Oort* zeigt, hat hier die Bewegungsrichtung der Planeten einen bestimmten Einfluß, und dieser wirkt sich dahin aus, daß nach wachsenden $\dfrac{I}{a}$ hin eine allmähliche Bevorzugung der direkten Bahnen, d. h. solchen mit kleineren Neigungswinkeln eintritt. Das ist auch gerade das, was nach der Tabelle 22 bei den beobachteten Bahnen in dem Intervall 0.02 bis 0.04 in Erscheinung tritt.

Für die gegenwärtig beobachtete Besetzung der $\dfrac{I}{a}$—Achse ist nun außer dem gerade geschilderten „Diffusionsprozeß" noch ein weiterer Prozeß mitverantwortlich, nämlich die allmähliche Zerstörung der Kerne im Verlaufe der aufeinanderfolgenden Perihelannäherungen. Nach dem, was man bisher an Zerteilungen von Kernen beobachtet hat, läßt sich abschätzen, daß im Durchschnitt von einem Kometen kaum mehr als 100 Sonnenannäherungen überstanden werden, falls dieser bis auf die Erdbahnentfernung oder näher an die Sonne herankommt. Ein Kern existiert also um so kürzere Zeit, je kleiner seine Umlaufsperiode ist.

b) Die Jupitergruppe

Die eigentümliche Verteilung der Geschwindigkeiten s, wie sie uns in der Tabelle 24 entgegentritt, muß als das wesentlichste Merkmal der Bahnen der kurzperiodischen Kometen angesehen werden. Fragen wir, ob sich dafür eine Erklärung finden läßt? Dieses genügend klarzulegen, geht allerdings weit über den Rahmen dieses Bändchens hinaus, und wir müssen uns diesbezüglich deshalb mit einigen Andeutungen begnügen.

Die — sogenannte statistische — Theorie des Einfangens (oder der Bahnumwandlungen) von Kometen durch nahe Vorbeigänge an den Planeten wurde bereits zu Ende des vorigen Jahrhunderts durch den amerikanischen Astronomen *H. A. Newton* entwickelt und in den Mem. Nat. Acad. Sc. Washington **6**, 1, 1893 publiziert. Diese Theorie ist nicht zu verwechseln mit der oben in Ziffer 9 erwähnten theoretischen Methode von *Laplace*. Die letztere betrifft die Bahnbestimmung (Berechnung der Elemente der Bahn) für singuläre Fälle. Die statistische Theorie arbeitet — ihrem Prädikat gemäß — von vornherein mit einer großen Anzahl von Kometen, was gleichzeitig, da das Zusammentreffen eines Kernes mit einem Planeten letzten Endes doch ein seltenes Ereignis ist, mit großen Zeiträumen bedeutet.

Das Reservoir, dem die Kometen entstammen, welche eine Umwandlung erfahren, bilden die langperiodischen Kometen und zwar kommen unter diesen nur solche in Betracht, deren Bahnkurven in der Nähe der Planetenbahn vorbeiführen. Denkt man sich die Zeitskala für die Kometen zusammengedrängt, das Nacheinander des Passierens der Nähe einer Planetenbahn — beispielsweise des Jupiter — in eine Gleichzeitigkeit verwandelt, so streicht der Planet in seiner Bahn durch ein dichteres Feld von Kometenkernen. In diesem geht nun durch die Aktion des Planeten eine Umgruppierung vor sich. Wenn die Einfangtheorie zu recht besteht, so wäre zu zeigen, daß bei diesem Vorgang kurzperiodische Kometen entstehen, welche gerade die Eigenschaften aufweisen, welche wir an diesen Objekten beobachten, d. h. in erster Linie bevorzugt kleine Bahnneigungen und (nach Tabelle 24) Geschwindigkeiten s bezogen auf Jupiter, welche sich um den Wert 0.5 häufen.

Die Kometen des Feldes haben als langperiodische Objekte keine bevorzugten Neigungen gegen die Ekliptikebene, sie bevorzugen in unserem Feldraum auch keine Bewegungsrichtung. Anders verhält es sich mit den Geschwindigkeiten selbst, sie unterscheiden sich an demselben Ort (gleichen Abstand von der Sonne) nur wenig, sie sind fast identisch. Es hängt dies damit zusammen, daß bei ihnen die längeren Perioden überwiegen und man sie hier insgesamt, ohne einen Fehler von Gewicht zu begehen, als parabolisch bezeichnen und ihnen sämtlich die parabolische Geschwindigkeit zuschreiben kann.

Die von *H. A. Newton* durchgeführte Theorie zeigt, daß neben Jupiter auch die anderen großen Planeten Saturn, Uranus und Neptun imstande sind, aus „parabolischen" Kometen solche von kürzeren Perioden — gleich oder auch kleiner als ihre eigenen Perioden — zu schaffen, und — was wesentlich ist — auch mit solchen Perihelabständen q, daß sie in den Sichtbarkeitsbereich eindringen. In allen Fällen sind aber diese umgewandelten Bahnen (mit q kleiner als 2.5 AE) nur ein kleiner Bruchteil der insgesamt verkleinerten Bahnen, und dieser Bruchteil vermindert sich stark in der Reihenfolge Jupiter, Saturn, Uranus, Neptun, also mit wachsendem Abstand des Planeten von der Sonne bzw. auch der Erde.

Da man eine Reihe von Kometen kennt, deren Aphele in der Nähe der Bahnen von Saturn, Uranus und Neptun liegen, so könnte man auf den ersten Blick meinen, daß neben der sichtbaren Jupiterfamilie auch sichtbare Kometenfamilien der anderen genannten großen Planeten existieren. Dazu ist jedoch zunächst zu bemerken, daß nach der Theorie für diese Familien — vielleicht nur mit der Ausnahme von Saturn — keine nennenswerte Mitgliederzahl überhaupt zu erwarten ist, eben wegen der (im Vergleich zu Jupiter) außerordentlich großen Seltenheit der Schaffung von Mitgliedern mit kleiner Periheldistanz. Eine Nachprüfung der Verhältnisse an den aufgefundenen Kometen durch den amerikanischen Astronomen *H. N. Russell* hat dann auch schon vor 30 Jahren dargetan, daß man mit einiger Sicherheit bestenfalls noch von einer kleinen Saturnfamilie (mit zwei Gliedern) sprechen kann. Die Kometen mit Perioden zwischen etwa 12 bis 100 Jahren — um solche handelt es sich hier — sind aller Wahrscheinlichkeit nach zwar durch die Einwirkung der Planeten in diese Bahnen gelangt, jedoch ist es in diesen Fällen nicht möglich, die verantwortlichen

156

Planeten zu benennen. Liegen die Einfänge zeitlich sehr weit
zurück und zwar so weit zurück, daß danach der Komet bereits
eine außerordentlich hohe Zahl von Umläufen in der neuen Bahn
vollführen konnte, so mag sehr wohl infolge einer großen Summe
von kleineren Störungen ein „Wegschieben" der Bahn von der
Nähe der Bahn des Planeten, welcher ursprünglich den Einfang
vollführte, eingetreten sein. Das wesentlichste Kriterium für einen
„jüngst" vor sich gegangenen Einfang ist immer darin zu sehen,
daß die Bahn des Eingefangenen dicht an der Bahn des Planeten
vorbeigeht, dem man den Einfang zuzuschreiben hat. Die Mitglieder
der Jupiterfamilie genügen sämtlich diesem Kriterium. Zu einem
hohen Alter — sagen wir von Hunderttausend bis Millionen
Jahren — kommt es bei ihnen nicht wegen der gefährlichen Nähe
der Sonne und des Planeten Jupiter. Man muß mit einer Zerstörung und Auflösung rechnen, bevor solch große Zeitintervalle
abgelaufen sind.

Die Einfangtheorie führt in bezug auf die Geschwindigkeiten s
und ebenso in bezug auf die Bahnneigungen zwanglos zu einem
Ergebnis, welches ganz der Beobachtung entspricht. Die primär
vorhandene gleichmäßige Verteilung über die möglichen Neigungswinkel von 0^0 bis 180^0 verschwindet nach der Umwandlung in die
kürzeren Perioden, der Planet zwingt den Kometenkernen seinen
eigenen Umlaufsinn auf. Das bedeutet aber nicht, daß bei jedem Vorbeigang eine Verkleinerung des Neigungswinkels eintritt, letzteres
gilt nur in statistischem Sinne. Die wenigsten Glieder der Jupiterfamilie sind als das Resultat nur einer einzigen Jupiterbegegnung
anzusehen (vgl. dazu auch Ziffer 16). Nach der ersten Umwandlung
aus der langperiodischen in die kurzperiodische Klasse bleibt ein
Kern mehr oder weniger ständig in der Gefahr weiterer naher
Jupiterbegegnungen. Mit wachsender Anzahl derselben vermindert
sich *im Durchschnitt* die Neigung gegen die Bahnebene des Planeten.

Die Deutung der in der Tabelle 14 ausgedruckten Relation ist noch relativ
neueren Datums und erfolgte durch *van Woerkom* (Bull. Astr. Institutes
of the Netherlands Vol. X Nr. 399 Dezember 1948). Wie dieser Autor zeigen
konnte, ergibt sie sich zwanglos aus der allgemeinen Theorie von *H. A. Newton*. Wir wollen die Erklärung andeutungsweise hier erwähnen. Unsere Er-
läuterungen werden besser verständlich, wenn wir einige Zeichnungen betrachten.

In der Abb. 75 sind um den Körper J, der mit Jupiter identisch sein soll,
zwei spiegelbildlich gelegene Hyperbelbahnen eingezeichnet, welche die

Bahnen von zwei verschiedenen Kernen bedeuten sollen. Der Kreis um J, in dem die Hyperbeln liegen, bezeichne die äußere Begrenzung der Aktionssphäre des Planeten. Die Bewegung der Kerne ist also hier auf Jupiter als Zentrum bezogen, beide dringen, wie wir annehmen wollen, aus entgegengesetzten Richtungen und senkrecht zur Jupiterbahnebene in die Aktionssphäre ein. Sowohl beim Eintritt wie beim Austritt sind die Geschwindigkeiten bezogen auf den Planeten in beiden Fällen dieselben. Für den Eintritt ist dies auch für die heliozentrischen Geschwindigkeiten zutreffend. Zur weiteren Erläuterung nehmen wir noch einige Vektorenfiguren zur Hilfe. In der Abb. 76

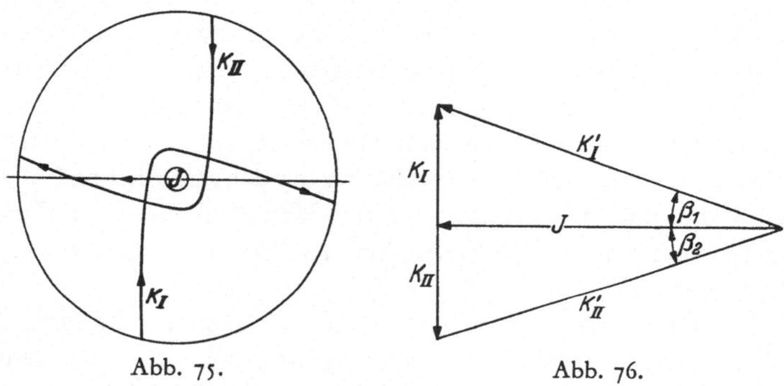

Abb. 75.   Abb. 76.

Abb. 75. Zwei spezielle Fälle der Bahnumwandlung von Kometen durch nahe Vorbeigänge an dem Planeten Jupiter.

Abb. 76. Erstes Vektordiagramm zu den Bahnumwandlungen. Die heliozentrischen Geschwindigkeiten und Geschwindigkeitsrichtungen vor der Umwandlung.

bezeichnet der nach links gerichtete Pfeil J nach Größe und Richtung die Bahngeschwindigkeit des Planeten. Vom Planeten aus gesehen bewegen sich die Kerne I und II anfangs entgegengesetzt mit gleicher Geschwindigkeit und senkrecht gegen die Bahn des Planeten. Trägt man deren Geschwindigkeitsvektoren K_I und K_{II} an der Spitze von J an, so ergeben die Pfeile K'_{II} und K'_I die Richtungen und Beträge der heliozentrischen Geschwindigkeiten der Kerne. β_1 und β_2 sind die Winkel der Bahnneigungen gegen die Jupiterbahnebene falls wir die Abb. so deuten, daß wir den Planeten von der Sonne aus betrachten.

Die Pfeile K'_I und K'_{II} haben eine größere Länge als der Pfeil J, was größere heliozentrische Geschwindigkeiten an demselben Ort und somit größere Halbachsen der Bahnen bedeutet. Die Kerne besitzen also ursprünglich größere Perioden als Jupiter.

Aus der Abb. 75 kann man sofort entnehmen, daß nach dem Passieren des Planeten der Kern II dem Planeten vorauseilt, der Kern I dagegen hinter diesem zurückbleibt. Letzterer geht somit nach dem Verlassen der Aktionssphäre in eine Bahn über, deren Periode kleiner ist. Der Kern II behält eine längere Periode, sie vergrößert sich noch gegenüber der ursprünglichen. Eine dem Vektorendiagramm Abb. 76 entsprechende Darstellung für den Moment des Austrittes aus der Aktionszone findet man in Abb. 77. K'_I hat bei den gewählten Geschwindigkeiten rund $^2/_3$ des Betrages von J. K_I und K_{II} entsprechen ihrem Betrage nach den oben definierten Geschwindigkeiten s.

Dies sind *zwei ganz spezielle Fälle* der Annäherung an den Planeten. Es entsteht eine Verkürzung und eine Verlängerung der Periode. Die Winkel β_1 und β_2 bezeichnen die Neigungswinkel gegen die Jupiterbahnebene. Da letztere nur sehr wenig gegen die Ekliptik geneigt ist (1.3^0), so sind β_1 und β_2 auch ungefähr gleich den Neigungswinkeln i gegen die Ekliptik. Beide wurden, wie man aus den Figuren erkennt, beim Vorübergang verkleinert.

Betrachtet man alle möglichen Fälle der Passage, so ergibt sich nach der Newtonschen Theorie zunächst, daß eine Verkürzung der Periode unter 12 Jahren vorwiegend (allerdings durchaus nicht ausschließlich) zu kleinen Nei-

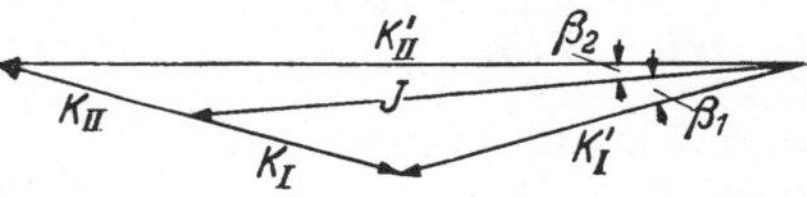

Abb. 77. Zweites Vektordiagramm zu den Bahnumwandlungen. Die Geschwindigkeiten und Geschwindigkeitsrichtungen nach der Umwandlung.

gungswinkeln unter 45^0 führt und umgekehrt eine Verlängerung der Periode vorwiegend zu Neigungswinkeln über 45^0. Da aber einer ersten Störung fast immer weitere folgen, so führt dies schließlich zu einer Trennung der kurzen und längeren Perioden bei einer gleichzeitigen stetigen Verminderung der Neigungswinkel der ersteren. Die Verkürzung der Perioden kann aber nicht beliebig fortschreiten, da die hier betrachteten Störungen dann aufhören müssen, sobald der Komet in seiner Bahn nicht mehr in die Nähe der Jupiterbahn gelangt, d. h. die Apheldistanz kleiner wird als der Bahnradius des Planeten. *Diese letzte Tatsache erklärt sofort die in der Tabelle 24 hervortretende Anhäufung der auf die Jupiterbahngeschwindigkeiten bezogenen Geschwindigkeiten s bei dem Werte s = 0.5.*

Namen- und Sachverzeichnis